**세상이 변해도
배움의 즐거움은
변함없도록**

시대는 빠르게 변해도
배움의 즐거움은
변함없어야 하기에

어제의 비상은
남다른 교재부터
결이 다른 콘텐츠
전에 없던 교육 플랫폼까지

변함없는 혁신으로
교육 문화 환경의 새로운 전형을
실현해왔습니다.

비상은 오늘, 다시 한번
새로운 교육 문화 환경을 실현하기 위한
또 하나의 혁신을 시작합니다.

오늘의 내가 어제의 나를 초월하고
오늘의 교육이 어제의 교육을 초월하여
배움의 즐거움을 지속하는 혁신,

바로, 메타인지학습을.

상상을 실현하는 교육 문화 기업 비상

메타인지학습
초월을 뜻하는 meta와 생각을 뜻하는 인지가 결합된 메타인지는
자신이 알고 모르는 것을 스스로 구분하고 학습계획을 세우도록 하는
궁극의 학습 능력입니다. 비상의 메타인지학습은 메타인지를 키워주어
공부를 100% 내 것으로 만들도록 합니다.

개념+유형

최상위 탑

Top
Book

6·2

구성과 특징

개념+유형 최상위 탑

기본 실력 점검

STEP 1 핵심 개념과 문제

상위권 실력 향상

STEP 2 상위권 문제

Top Book

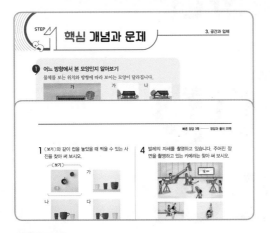

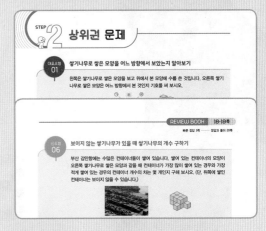

핵심 개념

핵심 교과 개념을 보기 쉽게 정리

교과 개념과 연계된 상위 개념까지 빠짐없이 정리

핵심 문제

개념 이해를 점검할 수 있는 필수 문제로 구성

대표유형

단원의 대표 문제를 단계별로 풀 수 있도록 구성

유제

대표유형의 유사 문제로 연습할 수 있도록 구성

신유형

생활 속에서 찾을 수 있는 흥미로운 문제로 구성

1:1 복습

복습 상위권 문제

Review Book

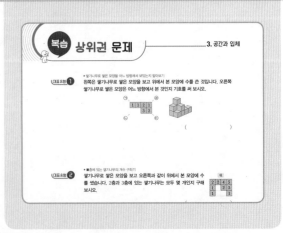

상위권 실력 완성

STEP 3 상위권 문제 확인과 응용

확인
대표유형 문제를 잘 익혔는지 확인할 수 있도록 구성

응용
대표유형 문제를 잘 익혀서 풀 수 있는 응용 문제로
구성

창의융합형 문제
타 과목과 융합된 문제로 구성
흥미 있는 소재의 문제로 구성

1:1 복습

복습 상위권 문제 확인과 응용

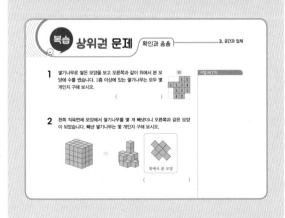

최상위권 완전 정복

STEP 4 최상위권 문제

최상위권 문제
종합적 사고력을 기를 수 있는 문제로 구성
최상위권을 정복할 수 있는 최고난도 문제로 구성

1:1 복습

복습 최상위권 문제

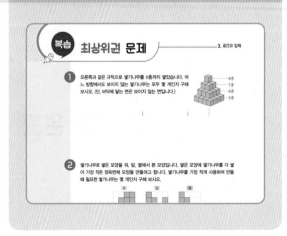

차례

1

분수의 나눗셈

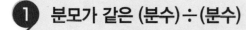

핵심 개념과 문제

1 분모가 같은 (분수)÷(분수)

분모가 같은 분수의 나눗셈은 분자끼리 나누어 계산합니다.
이때 분자끼리 나누어떨어지지 않을 때에는 몫이 분수로 나옵니다.

$$\frac{\blacktriangle}{\blacksquare} \div \frac{\bullet}{\blacksquare} = \blacktriangle \div \bullet = \frac{\blacktriangle}{\bullet}$$

⊙ **분자끼리 나누어떨어지는 분모가 같은 (분수)÷(분수)**

• $\dfrac{6}{7} \div \dfrac{3}{7}$ 의 계산

$$\frac{6}{7} \div \frac{3}{7} = 6 \div 3 = 2$$

⊙ **분자끼리 나누어떨어지지 않는 분모가 같은 (분수)÷(분수)**

• $\dfrac{2}{9} \div \dfrac{5}{9}$ 의 계산

$$\frac{2}{9} \div \frac{5}{9} = 2 \div 5 = \frac{2}{5}$$

2 분모가 다른 (분수)÷(분수)

분모가 다른 분수의 나눗셈은 통분하여 분자끼리 나누어 계산합니다.

⊙ **분자끼리 나누어떨어지는 분모가 다른 (분수)÷(분수)**

• $\dfrac{3}{5} \div \dfrac{3}{10}$ 의 계산

$$\frac{3}{5} \div \frac{3}{10} = \frac{3 \times 2}{5 \times 2} \div \frac{3}{10} = \frac{6}{10} \div \frac{3}{10} = 6 \div 3 = 2$$

⊙ **분자끼리 나누어떨어지지 않는 분모가 다른 (분수)÷(분수)**

• $\dfrac{1}{4} \div \dfrac{5}{7}$ 의 계산

$$\frac{1}{4} \div \frac{5}{7} = \frac{1 \times 7}{4 \times 7} \div \frac{5 \times 4}{7 \times 4} = \frac{7}{28} \div \frac{20}{28} = 7 \div 20 = \frac{7}{20}$$

개념 PLUS ➕

몫의 크기 비교

• 나누는 수가 같을 때 나누어지
는 수가 클수록 몫은 커집니다.

예 $\dfrac{1}{3} \div \dfrac{1}{2} > \dfrac{1}{4} \div \dfrac{1}{2}$

$\underbrace{\qquad\qquad}$
$\dfrac{1}{3} > \dfrac{1}{4}$

• 나누어지는 수가 같을 때 나누는
수가 작을수록 몫은 커집니다.

예 $\dfrac{1}{5} \div \dfrac{1}{3} > \dfrac{1}{5} \div \dfrac{1}{2}$

$\underbrace{\qquad\qquad}$
$\dfrac{1}{3} < \dfrac{1}{2}$

1 가장 큰 수를 가장 작은 수로 나눈 몫을 구해 보시오.

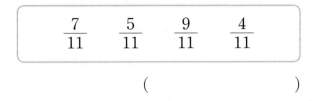

$$\frac{7}{11} \qquad \frac{5}{11} \qquad \frac{9}{11} \qquad \frac{4}{11}$$

( )

2 계산 결과가 1보다 작은 것의 기호를 써 보시오.

$\bigcirc \ \dfrac{7}{12} \div \dfrac{4}{9}$ $\qquad \bigcirc \ \dfrac{3}{4} \div \dfrac{5}{6}$

( )

3 냉장고에 우유가 $\dfrac{9}{10}$ L 있습니다. 우유를 하루에 $\dfrac{3}{20}$ L씩 마신다면 며칠 동안 마실 수 있습니까?

( )

4 그림에 알맞은 진분수끼리의 나눗셈식을 만들고 답을 구해 보시오.

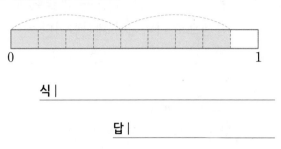

식 |

답 |

5 ☐ 안에 들어갈 수 있는 자연수는 모두 몇 개입니까?

$$\frac{2}{5} \div \frac{1}{5} < \square < \frac{14}{15} \div \frac{3}{20}$$

( )

6 (조건)을 만족하는 분수의 나눗셈식을 모두 써 보시오.

─(조건)─
• 7÷3을 이용하여 계산할 수 있습니다.
• 분모가 10보다 작은 진분수의 나눗셈입니다.
• 두 분수의 분모는 같습니다.

( )

3 (분수)÷(분수)를 (분수)×(분수)로 나타내기

분수의 나눗셈은 나누는 분수의 분모와 분자를 바꾸어 분수의 곱셈으로 나타내어 계산합니다.

$$\frac{\blacklozenge}{\bigstar} \div \frac{\bullet}{\blacktriangle} = \frac{\blacklozenge}{\bigstar} \times \frac{\blacktriangle}{\bullet}$$

• $\dfrac{2}{3} \div \dfrac{3}{4}$의 계산

$$\frac{2}{3} \div \frac{3}{4} = \frac{2}{3} \times \frac{4}{3} = \frac{8}{9}$$

중1 연계

두 수의 곱이 1이 될 때, 한 수를 다른 수의 역수라고 합니다.

예 $\dfrac{2}{3} \times \dfrac{3}{2} = 1$

- $\dfrac{2}{3}$는 $\dfrac{3}{2}$의 역수
- $\dfrac{3}{2}$은 $\dfrac{2}{3}$의 역수

4 (분수)÷(분수)

◉ (자연수)÷(분수)

• $6 \div \dfrac{3}{4}$의 계산

방법1 자연수를 분수의 분자로 나눈 후 분모를 곱하여 계산하기

$$6 \div \frac{3}{4} = (6 \div 3) \times 4 = 8$$

방법2 분수의 곱셈으로 나타내어 계산하기

$$6 \div \frac{3}{4} = \overset{2}{6} \times \frac{4}{\underset{1}{3}} = 8$$

◉ (대분수)÷(분수)

• $2\dfrac{1}{3} \div \dfrac{4}{5}$의 계산

방법1 대분수를 가분수로 나타낸 후 분수를 통분하여 계산하기

$$2\frac{1}{3} \div \frac{4}{5} = \frac{7}{3} \div \frac{4}{5} = \frac{35}{15} \div \frac{12}{15}$$
$$= 35 \div 12 = \frac{35}{12} = 2\frac{11}{12}$$

방법2 대분수를 가분수로 나타낸 후 분수의 곱셈으로 나타내어 계산하기

$$2\frac{1}{3} \div \frac{4}{5} = \frac{7}{3} \div \frac{4}{5} = \frac{7}{3} \times \frac{5}{4} = \frac{35}{12} = 2\frac{11}{12}$$

개념 PLUS ⊕

(자연수)÷(진분수)의 계산 결과 자연수가 진분수보다 항상 크므로 몫은 항상 나누어지는 수보다 큽니다.

예 $3 \div \dfrac{3}{4} = 4 \Rightarrow 3 < 4$

개념 PLUS ⊕

분모가 다른 (가분수)÷(가분수)
분모가 다른 가분수의 나눗셈은 분모가 다른 진분수끼리의 나눗셈과 같은 방법으로 계산합니다.

$$\frac{\bullet}{\blacksquare} \div \frac{\bigstar}{\blacktriangle} = \frac{\bullet}{\blacksquare} \times \frac{\blacktriangle}{\bigstar}$$

1 빈칸에 알맞은 수를 써넣으시오.

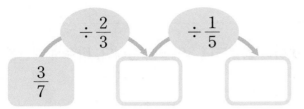

2 계산 결과가 가장 큰 것을 찾아 기호를 써 보시오.

$$\bigcirc \ \frac{2}{7} \div \frac{1}{6} \qquad \bigcirc \ \frac{4}{9} \div \frac{3}{4} \qquad \bigcirc \ 1 \div \frac{2}{5}$$

( )

3 고무관 $\frac{8}{11}$ m의 무게가 $1\frac{2}{5}$ kg입니다. 고무관 1 m의 무게는 몇 kg입니까?

( )

4 ㉠은 ㉡의 몇 배입니까?

$$\bigcirc \ 2 \div \frac{3}{4} \qquad \bigcirc \ \frac{1}{5} \div \frac{2}{7}$$

( )

5 ☐ 안에 알맞은 수를 구해 보시오.

$$\square \times \frac{2}{3} = \frac{1}{2} \div \frac{5}{9}$$

( )

6 들이가 5 L인 물통에 물이 $1\frac{2}{3}$ L 들어 있습니다. 이 물통에 물을 가득 채우려면 들이가 $\frac{3}{4}$ L인 그릇으로 물을 적어도 몇 번 부어야 합니까?

( )

상위권 문제

대표유형 01 | **바르게 계산한 값 구하기**

어떤 수를 $\frac{4}{5}$로 나누어야 할 것을 잘못하여 곱했더니 3이 되었습니다. 바르게 계산한 값은 얼마인지 구해 보시오.

(1) 어떤 수는 얼마입니까?

(   )

(2) 바르게 계산한 값은 얼마입니까?

(   )

> **비법 PLUS**
>
> 곱셈과 나눗셈의 관계를 이용합니다.
>
> ● × ■ = ▲
>
> ⇨ ● = ▲ ÷ ■

유제 1

어떤 수를 $\frac{3}{7}$으로 나누어야 할 것을 잘못하여 곱했더니 $\frac{1}{5}$이 되었습니다. 바르게 계산한 값은 얼마인지 구해 보시오.

(   )

유제 2

$\frac{2}{3}$를 어떤 수로 나누어야 할 것을 잘못하여 곱했더니 $\frac{3}{8}$이 되었습니다. 바르게 계산한 값은 얼마인지 구해 보시오.

(   )

대표유형 02 전체에 대한 부분의 양 구하기

우영이네 반 전체 학생의 $\frac{2}{5}$는 남학생이고, 남학생은 12명입니다. 우영이네 반 여학생은 몇 명인지 구해 보시오.

(1) 우영이네 반 전체 학생은 모두 몇 명입니까?

(   )

(2) 우영이네 반 여학생은 몇 명입니까?

(   )

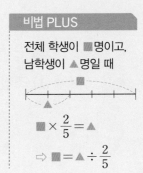

비법 PLUS

전체 학생이 ▨명이고,
남학생이 ▲명일 때

$▨ \times \frac{2}{5} = ▲$

$\Rightarrow ▨ = ▲ \div \frac{2}{5}$

유제 3

현지는 가지고 있던 돈의 $\frac{4}{9}$를 저금했습니다. 저금한 돈이 5600원이라면 저금하고 남은 돈은 얼마인지 구해 보시오.

(   )

유제 4

서술형 문제

어머니께서 만드신 도넛의 $\frac{2}{7}$가 탔다고 합니다. 탄 도넛 10개를 제외하고 남은 도넛을 한 상자에 5개씩 담았습니다. 도넛을 담은 상자는 몇 상자인지 풀이 과정을 쓰고 답을 구해 보시오.

풀이 |

_____

_____

답 |

대표유형 03 **조건에 맞게 식을 세워 계산하기**

가 ★ 나＝가÷(가＋나)일 때, 다음을 계산해 보시오.

$$\frac{2}{3} \star \frac{1}{4}$$

(1) 조건에 맞게 $\frac{2}{3} \star \frac{1}{4}$을 계산하는 식을 써 보시오.

$$\frac{2}{3} \star \frac{1}{4} = \underline{\hspace{4cm}}$$

(2) 위 (1)의 식을 이용하여 $\frac{2}{3} \star \frac{1}{4}$을 계산한 값은 얼마입니까?

(   )

비법 PLUS

가와 나 자리에 각각 수를 넣어 계산 순서에 알맞게 계산합니다.

가★나＝가÷(가＋나)

①
②

 유제 **5** 가 ♥ 나＝(나－가)÷나일 때, 다음을 계산해 보시오.

$$\frac{3}{8} \; \heartsuit \; \frac{15}{16}$$

(   )

 유제 **6** 가 ◉ 나＝(가＋나)÷(가－나)일 때, 다음을 계산해 보시오.

$$\left(\frac{1}{3} \circledcirc \frac{1}{4}\right) \circledcirc \frac{5}{6}$$

(   )

대표유형 04

도형의 넓이를 알 때 길이 구하기

높이가 $2\frac{1}{3}$ cm이고 넓이가 $4\frac{13}{30}$ cm²인 삼각형이 있습니다. 이 삼각형의 밑변의 길이는 몇 cm인지 구해 보시오.

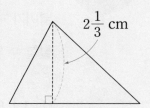

(1) 삼각형의 밑변의 길이를 ☐ cm라 하고 삼각형의 넓이를 구하는 식을 써 보시오.

식 |

(2) 삼각형의 밑변의 길이는 몇 cm입니까?

(   )

비법 PLUS

(삼각형의 넓이)
＝(밑변의 길이)
　×(높이)÷2
⇨ (밑변의 길이)
＝(삼각형의 넓이)
　×2÷(높이)

유제 7

한 대각선의 길이가 $6\frac{2}{5}$ cm이고 넓이가 $9\frac{43}{45}$ cm²인 마름모가 있습니다. 이 마름모의 다른 대각선의 길이는 몇 cm인지 구해 보시오.

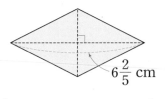

(   )

유제 8

윗변의 길이가 $1\frac{3}{4}$ cm, 아랫변의 길이가 $4\frac{1}{3}$ cm인 사다리꼴이 있습니다. 이 사다리꼴의 넓이가 $10\frac{3}{7}$ cm²일 때 높이는 몇 cm인지 구해 보시오.

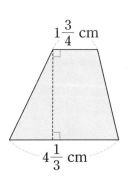

(   )

대표유형 05

칠할 수 있는 벽의 넓이 구하기

넓이가 $\dfrac{13}{5}$ m²인 벽을 칠하는 데 $\dfrac{2}{5}$ L의 페인트를 사용했습니다. 12 L의 페인트로 칠할 수 있는 벽의 넓이는 몇 m²인지 구해 보시오.

(1) 1 L의 페인트로 칠할 수 있는 벽의 넓이는 몇 m²입니까?

(   )

(2) 12 L의 페인트로 칠할 수 있는 벽의 넓이는 몇 m²입니까?

(   )

비법 PLUS

유제 9

넓이가 2 m²인 벽을 칠하는 데 $\dfrac{3}{4}$ L의 페인트를 사용했습니다. 10 L의 페인트로 칠할 수 있는 벽의 넓이는 몇 m²인지 구해 보시오.

(   )

유제 10

서술형 문제

가로가 6 m, 세로가 $3\dfrac{1}{2}$ m인 직사각형 모양의 담장을 칠하는 데 $9\dfrac{3}{4}$ L의 페인트를 사용했습니다. 2 L의 페인트로 몇 m²의 담장을 칠한 것인지 풀이 과정을 쓰고 답을 구해 보시오.

풀이|

답|

몫이 가장 크거나 가장 작은 나눗셈식 만들기

안호와 선우는 각자 가지고 있는 수 카드를 각각 한 번씩 사용하여 대분수를 만들었습니다. 두 사람이 만든 대분수로 몫이 가장 큰 나눗셈식을 만들 때, 몫을 구해 보시오.

안호 ☐1 ☐2 ☐3 ⋮ ☐3 ☐4 ☐5 선우

(1) 몫이 가장 큰 나눗셈식을 만들려고 합니다. 알맞은 말에 ○표 하고, ☐ 안에 알맞은 수를 써넣으시오.

> • 나누어지는 수는 가장 큰 대분수이어야 하므로
>
> (안호 , 선우)가 만든 수이고 ☐/☐ 입니다.
>
> • 나누는 수는 가장 작은 대분수이어야 하므로
>
> (안호 , 선우)가 만든 수이고 ☐/☐ 입니다.

(2) 몫이 가장 큰 나눗셈식을 만들 때 몫은 얼마입니까?

( )

유제 11 소미와 은채는 각자 가지고 있는 수 카드를 각각 한 번씩 사용하여 대분수를 만들었습니다. 두 사람이 만든 대분수로 몫이 가장 작은 나눗셈식을 만들 때, 몫을 구해 보시오.

소미 ☐2 ☐3 ☐4 ⋮ ☐4 ☐5 ☐6 은채

( )

유제 12 민호와 세주는 각자 가지고 있는 수 카드 중 3장을 각각 한 번씩 사용하여 대분수를 만들었습니다. 두 사람이 만든 대분수로 몫이 가장 큰 나눗셈식을 만들 때, 몫을 구해 보시오.

민호 ☐1 ☐2 ☐3 ☐4 ⋮ ☐5 ☐6 ☐7 ☐8 세주

( )

대표유형 07

일하는 데 걸리는 시간 구하기

어떤 일을 하는 데 민서는 5일 동안 전체의 $\frac{1}{2}$을 하고, 찬오는 3일 동안 전체의 $\frac{1}{5}$을 합니다. 같은 빠르기로 두 사람이 함께 이 일을 하여 모두 마치려면 며칠이 걸리는지 구해 보시오. (단, 두 사람이 각각 하루 동안 할 수 있는 일의 양은 일정합니다.)

(1) 전체 일의 양을 1이라 하면 민서와 찬오가 하루 동안 할 수 있는 일의 양은 각각 전체의 얼마입니까?

민서 (   ), 찬오 (   )

(2) 민서와 찬오가 함께 하루 동안 할 수 있는 일의 양은 전체의 얼마입니까?

(   )

(3) 민서와 찬오가 함께 이 일을 하여 모두 마치려면 며칠이 걸립니까?

(   )

비법 PLUS

전체 일의 양을 1이라 하면 전체 일의 $\frac{1}{\blacksquare}$을 하는 데 ▲일이 걸린 경우 하루 동안 한 일의 양은 $\frac{1}{\blacksquare} \div \blacktriangle$입니다.

 유제 13

어떤 일을 하는 데 규호는 6일 동안 전체의 $\frac{1}{4}$을 하고, 민아는 4일 동안 전체의 $\frac{1}{3}$을 합니다. 같은 빠르기로 두 사람이 함께 이 일을 하여 모두 마치려면 며칠이 걸리는지 구해 보시오. (단, 두 사람이 각각 하루 동안 할 수 있는 일의 양은 일정합니다.)

(   )

 유제 14

어떤 일을 하는 데 샛별이는 14일 동안 전체의 $\frac{7}{9}$을 하고, 지훈이는 10일 동안 전체의 $\frac{5}{12}$를 합니다. 같은 빠르기로 샛별이가 6일 일한 후 지훈이가 나머지 일을 하여 일을 모두 마치려고 합니다. 지훈이는 며칠 동안 일해야 하는지 구해 보시오. (단, 두 사람이 각각 하루 동안 할 수 있는 일의 양은 일정합니다.)

(   )

신유형
08

낮의 길이 또는 밤의 길이 구하기

우리나라의 절기 중 하나인 하지는 일 년 중에서 태양이 가장 높이 떠서 낮의 길이가 가장 길고 밤의 길이가 가장 짧은 날입니다. 어느 해 하짓날 밤의 길이가 낮의 길이의 $\frac{7}{11}$일 때, 낮의 길이는 몇 시간 몇 분인지 구해 보시오.

신유형 PLUS

➕ **하지**
24절기의 하나로 음력으로 5월, 양력으로 6월 21일 무렵입니다. 하지 때, 북극에서는 온종일 해가 지지 않으며 남극에서는 수평선 위에 해가 나타나지 않습니다.

(1) 하짓날 밤의 길이와 낮의 길이의 관계를 식으로 나타내려고 합니다. ☐ 안에 알맞은 수를 써넣으시오.

> 낮의 길이를 ▧ 시간이라 하면 밤의 길이는
> (☐ − ▧)시간입니다.
>
> $$\boxed{} - ▧ = ▧ \times \frac{\boxed{}}{\boxed{}}$$

(2) 하짓날 낮의 길이는 몇 시간 몇 분입니까?

(   )

유제
15 어느 날 낮의 길이는 밤의 길이의 $\frac{7}{9}$이라고 합니다. 이 날의 밤의 길이는 몇 시간 몇 분인지 구해 보시오.

(   )

유제
16 어느 날 밤의 길이는 낮의 길이의 $\frac{9}{11}$라고 합니다. 이 날의 낮의 길이는 몇 시간 몇 분인지 구해 보시오.

(   )

1 $\dfrac{5}{14}$를 어떤 수로 나누었더니 몫이 $\dfrac{5}{9}$가 되었습니다. $4\dfrac{1}{5}$을 어떤 수로 나누었을 때의 몫을 구해 보시오.

(   )

비법 PLUS

2 $\begin{bmatrix} \text{⑦} & \text{⑭} \\ \text{⑭} & \text{⑭} \end{bmatrix} = \text{⑦} \div \text{⑭} - \text{⑭} \div \text{⑭}$일 때, 다음을 계산해 보시오.

$$\begin{bmatrix} 2\dfrac{1}{7} & 1\dfrac{2}{7} \\[2mm] \dfrac{2}{3} & \dfrac{4}{5} \end{bmatrix}$$

(   )

✚ 조건에 알맞게 식을 세워 계산합니다.

3 □ 안에 들어갈 수 있는 자연수를 모두 구해 보시오. (단, $\dfrac{\square}{12}$는 기약분수입니다.)

$$\dfrac{2}{5} \div \dfrac{9}{5} < \dfrac{\square}{12} < 1\dfrac{5}{18} \div 2\dfrac{1}{11}$$

(   )

✚ 분수의 나눗셈을 계산한 후 세 분수를 통분하여 범위에 알맞게 □ 안에 들어갈 수 있는 자연수를 구합니다.

4 $3\dfrac{3}{4}$ L의 페인트를 5개의 통에 똑같이 나누어 담아 그중 1통을 모두 사용하여 넓이가 $4\ \mathrm{m}^2$인 벽을 칠했습니다. 2 L의 페인트로 칠할 수 있는 벽의 넓이는 몇 m^2인지 구해 보시오.

(   )

5 떨어뜨린 높이의 $\dfrac{5}{6}$만큼 일정하게 튀어 오르는 공이 있습니다. 이 공이 두 번째로 튀어 오른 높이가 $2\dfrac{7}{9}$ m일 때, 처음 공을 떨어뜨린 높이는 몇 m인지 구해 보시오.

(   )

비법 PLUS

➕ 공의 높이

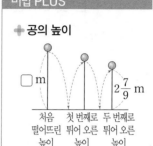

처음   첫 번째로   두 번째로
떨어뜨린 튀어 오른 튀어 오른
높이   높이   높이

서술형 문제

6 은세는 길이가 $21\dfrac{6}{7}$ m인 철사를 $2\dfrac{3}{7}$ m씩 자르려고 합니다. 한 번 자르는 데 걸리는 시간이 2분이라면 은세가 쉬지 않고 철사를 모두 자르는 데 걸리는 시간은 몇 분인지 풀이 과정을 쓰고 답을 구해 보시오.

풀이 |

답 |

➕ (철사를 자르는 횟수)
= (나누어진 철사 도막의
수) − 1

7 어떤 일을 수지 혼자서 하면 3일이 걸리고, 수지와 형주가 함께 하면 2일이 걸립니다. 이 일을 형주 혼자서 하면 며칠이 걸리는지 구해 보시오. (단, 두 사람이 각각 하루 동안 할 수 있는 일의 양은 일정합니다.)

(   )

8 삼각형 ㄹㅁㄷ의 넓이는 직사각형 ㄱㄴㄷㄹ의 넓이의 $\frac{3}{8}$입니다. 선분 ㅁㄷ은 몇 cm인지 구해 보시오.

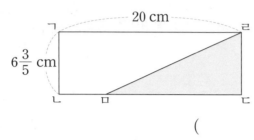

(   )

비법 PLUS

서술형 문제

9 길이가 15 cm인 양초에 불을 붙이고 $1\frac{3}{5}$ 시간 후에 남은 양초의 길이를 재어 보니 $8\frac{1}{3}$ cm였습니다. 이 양초가 일정한 빠르기로 탄다면 남은 양초가 모두 타는 데 걸리는 시간은 몇 시간인지 풀이 과정을 쓰고 답을 구해 보시오.

풀이 |

답 |

➕ ▲시간 동안 탄 양초의 길이가 ■ cm일 때, 한 시간 동안 탄 양초의 길이는 (■ ÷ ▲) cm입니다.

10 수호네 학교의 학생 수는 작년에 584명이었는데 올해 562명이 되었습니다. 또 올해 남학생 수는 작년 남학생 수의 $\frac{2}{25}$ 만큼 줄었고, 여학생 수는 변함이 없다고 합니다. 수호네 학교의 올해 여학생은 몇 명인지 구해 보시오.

(   )

➕ 여학생 수는 변함이 없으므로 작년에 비하여 올해에 줄어든 전체 학생 수는 줄어든 남학생 수와 같습니다.

창의융합형 문제

11 밀로의 비너스는 고대 그리스의 대표적인 조각상 가운데 하나로, 1820년에 밀로스 섬의 농부에 의해 발견되어 '밀로의 비너스'라고 불리기 시작했습니다. 밀로의 비너스의 상반신의 길이는 $\frac{51}{65}$ m 이고, 전체 높이의 $\frac{5}{13}$입니다. 밀로의 비너스의 높이는 몇 m인지 구해 보시오.

▲ 밀로의 비너스

(　　　　　　　　　)

12 KTX는 우리나라의 고속 철도로 전국을 3시간 내 생활권으로 연결시켜 큰 사회적 이익을 가져다 주었습니다. 길이가 $\frac{97}{250}$ km인 KTX가 일정한 빠르기로 길이가 $10\frac{133}{250}$ km인 어떤 터널을 완전히 통과하는 데 $2\frac{3}{5}$분이 걸렸습니다. 같은 빠르기로 이 KTX는 3시간 동안 몇 km를 달릴 수 있는지 구해 보시오.

(　　　　　　　　　)

최상위권 문제

《 문제 풀이 동영상

1 다음 식에서 ▲와 ■는 자연수입니다. 다음 식이 성립할 수 있도록 하는 ▲와 ■에 알맞은 수의 쌍 (▲, ■)는 모두 몇 쌍인지 구해 보시오.

$$4 \div \frac{▲}{7} = ■$$

(   )

2 지호는 가지고 있던 색 테이프의 $\frac{1}{2}$을 월요일에 사용하고, 월요일에 사용하고 남은 색 테이프의 $\frac{2}{5}$를 화요일에 사용하고, 화요일에 사용하고 남은 색 테이프의 $\frac{1}{3}$을 수요일에 사용했습니다. 수요일에 사용하고 남은 색 테이프의 길이가 $\frac{4}{5}$ m라면 지호가 처음에 가지고 있던 색 테이프의 길이는 몇 m인지 구해 보시오.

(   )

3 빈 병에 전체의 $\frac{3}{5}$만큼 물을 넣고 무게를 재어 보니 710 g이었고, 넣은 물의 $\frac{5}{7}$만큼을 마신 후 다시 무게를 재어 보니 530 g이었습니다. 빈 병의 무게는 몇 g인지 구해 보시오.

(   )

4 오른쪽 그림과 같이 원 가, 나, 다는 서로 겹쳐져 있습니다. ㉠의 넓이는 원 나의 넓이의 $\dfrac{1}{5}$ 배이고, ㉡의 넓이는 원 다의 넓이의 $\dfrac{3}{7}$ 배입니다. ㉠과 ㉡의 넓이가 같다면 원 나의 넓이는 원 다의 넓이의 몇 배인지 구해 보시오.

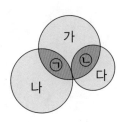

(   )

5 $2\dfrac{2}{7}$ 로 나누어도 몫이 자연수가 되고 $\dfrac{5}{14}$ 로 나누어도 몫이 자연수가 되는 분수 중에서 가장 작은 분수를 구해 보시오.

(   )

6 영두의 국어 점수는 수학 점수의 $\dfrac{6}{7}$ 배이고, 과학 점수는 국어 점수의 $1\dfrac{1}{4}$ 배입니다. 수학, 국어, 과학 점수의 평균이 82점이라면 수학 점수는 몇 점인지 구해 보시오.

(   )

그림을 감상해 보세요.

클로드 오스카 모네, 「인상, 해돋이」, 1872년

2

소수의 나눗셈

STEP 4 핵심 개념과 문제

① 자연수의 나눗셈을 이용한 (소수)÷(소수)

(소수)÷(소수)에서 나누어지는 수와 나누는 수에 똑같이 10배 또는 100배를 하여 (자연수)÷(자연수)로 계산합니다.

- $123 \div 3$을 이용하여 $12.3 \div 0.3$ 계산하기

$$12.3 \div 0.3$$
10배 ↓ 10배 ↓
$$123 \div 3 = 41$$
⇨ $12.3 \div 0.3 = 41$

- $123 \div 3$을 이용하여 $1.23 \div 0.03$ 계산하기

$$1.23 \div 0.03$$
100배 ↓ 100배 ↓
$$123 \div 3 = 41$$
⇨ $1.23 \div 0.03 = 41$

> **개념 PLUS ➕**
>
> 나눗셈에서 나누어지는 수와 나누는 수에 같은 수를 곱하면 몫은 변하지 않습니다.

② 자릿수가 같은 (소수)÷(소수)

- $2.8 \div 0.4$의 계산 → (소수 한 자리 수)÷(소수 한 자리 수)

방법 1 분수의 나눗셈으로 계산하기

$$2.8 \div 0.4 = \frac{28}{10} \div \frac{4}{10}$$
$$= 28 \div 4 = 7$$

방법 2 세로로 계산하기

$$0.4 \overline{)2.8}$$
$$\underline{2\ 8}$$
$$0$$
→ 나누는 수와 나누어지는 수의 소수점을 각각 오른쪽으로 한 자리씩 옮겨서 계산합니다.

- $1.92 \div 0.24$의 계산 → (소수 두 자리 수)÷(소수 두 자리 수)

방법 1 분수의 나눗셈으로 계산하기

$$1.92 \div 0.24 = \frac{192}{100} \div \frac{24}{100}$$
$$= 192 \div 24 = 8$$

방법 2 세로로 계산하기

$$0.24 \overline{)1.92}$$
$$\underline{1\ 9\ 2}$$
$$0$$
→ 나누는 수와 나누어지는 수의 소수점을 각각 오른쪽으로 두 자리씩 옮겨서 계산합니다.

> **개념 PLUS ➕**
>
> ▌ 소수의 나눗셈에서 나누는 수의 크기에 따른 몫의 크기 비교
>
> - (나누는 수)< 1이면 (나누어지는 수)<(몫)입니다.
>   **예** $2.4 \div 0.3 = 8$
> $2.4 < 8$
> - (나누는 수)> 1이면 (나누어지는 수)>(몫)입니다.
>   **예** $2.4 \div 1.2 = 2$
> $2.4 > 2$

③ 자릿수가 다른 (소수)÷(소수)

- $756 \div 360$을 이용하여 $7.56 \div 3.6$ 계산하기

$$7.56 \div 3.6 = 2.1$$
100배 ↓ 100배 ↓
$$756 \div 360 = 2.1$$
⇩

$$3.60 \overline{)7.560}$$
$$\underline{7\ 2\ 0}$$
$$3\ 6\ 0$$
$$\underline{3\ 6\ 0}$$
$$0$$
→ 몫을 쓸 때 옮긴 소수점의 위치에서 소수점을 찍어야 합니다.

- $75.6 \div 36$을 이용하여 $7.56 \div 3.6$ 계산하기

$$7.56 \div 3.6 = 2.1$$
10배 ↓ 10배 ↓
$$75.6 \div 36 = 2.1$$
⇩

$$3.6 \overline{)7.56}$$
$$\underline{7\ 2}$$
$$3\ 6$$
$$\underline{3\ 6}$$
$$0$$

1 가장 큰 수를 가장 작은 수로 나눈 몫을 구해 보시오.

| 5.2 | 1.3 | 7.2 | 0.6 |

(   )

2 계산 결과를 비교하여 ◯ 안에 >, =, <를 알맞게 써넣으시오.

$$19.18 \div 2.74 \bigcirc 8.76 \div 1.2$$

3 주스 18.75 L가 있습니다. 주스를 한 병에 1.25 L씩 담는다면 병은 몇 병 필요합니까?

(   )

4 집에서 학교까지의 거리는 7.6 km이고, 집에서 공원까지의 거리는 13.68 km입니다. 집에서 공원까지의 거리는 집에서 학교까지의 거리의 몇 배입니까?

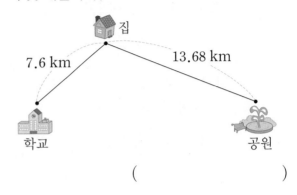

(   )

5 (조건)을 만족하는 나눗셈식을 찾아 계산해 보시오.

┌─(조건)─────────────────────┐
- 368÷8을 이용하여 풀 수 있습니다.
- 나누어지는 수와 나누는 수를 각각 10배 하면 368÷8입니다.
└────────────────────────────┘

식 |

6 ☐ 안에 들어갈 수 있는 자연수는 모두 몇 개입니까?

$$9.8 \div 3.5 < \square < 38.48 \div 5.2$$

(   )

❹ (자연수)÷(소수)

• 9÷4.5의 계산 → (자연수)÷(소수 한 자리 수)

방법 1 분수의 나눗셈으로 계산하기

$$9 \div 4.5 = \frac{90}{10} \div \frac{45}{10}$$
$$= 90 \div 45 = 2$$

방법 2 세로로 계산하기

$$4.5) \overline{9.0}$$ → 나누는 수와 나누어지는 수의 소수점을 각각 오른쪽으로 한 자리씩 옮겨서 계산합니다.

$$\begin{array}{r} 2 \\ 4.5)\overline{9.0} \\ \underline{9\ 0} \\ 0 \end{array}$$

• 10÷1.25의 계산 → (자연수)÷(소수 두 자리 수)

방법 1 분수의 나눗셈으로 계산하기

$$10 \div 1.25 = \frac{1000}{100} \div \frac{125}{100}$$
$$= 1000 \div 125 = 8$$

방법 2 세로로 계산하기

$$\begin{array}{r} 8 \\ 1.2\,5)\overline{1\,0.0\,0} \\ \underline{1\,0\,0\,0} \\ 0 \end{array}$$

→ 나누는 수와 나누어지는 수의 소수점을 각각 오른쪽으로 두 자리씩 옮겨서 계산합니다.

개념 PLUS ➕

▌나누는 수, 나누어지는 수와 몫의 관계

• 나누어지는 수가 같고, 나누는 수가 $\frac{1}{10}$배씩 작아지면 몫은 10배씩 커집니다.

예 $12 \div 6 = 2$
$12 \div 0.6 = 20$
$12 \div 0.06 = 200$

• 나누는 수가 같고, 나누어지는 수가 10배씩 커지면 몫도 10배씩 커집니다.

예 $1.56 \div 0.03 = 52$
$15.6 \div 0.03 = 520$
$156 \div 0.03 = 5200$

❺ 몫을 반올림하여 나타내기 → 몫이 간단한 소수로 구해지지 않을 경우 몫을 어림하여 나타낼 수 있습니다.

• 3.8÷0.7의 몫을 반올림하여 나타내기

$$\begin{array}{r} 5.4\,2\,8 \\ 0.7)\overline{3.8\,0\,0\,0} \\ \underline{3\,5} \\ 3\,0 \\ \underline{2\,8} \\ 2\,0 \\ \underline{1\,4} \\ 6\,0 \\ \underline{5\,6} \\ 4 \end{array}$$

① 몫을 반올림하여 자연수로 나타내기

$3.8 \div 0.7 = 5.428\cdots \Rightarrow 5$
└● 소수 첫째 자리 숫자가 4이므로 버립니다.

② 몫을 반올림하여 소수 첫째 자리까지 나타내기

$3.8 \div 0.7 = 5.428\cdots \Rightarrow 5.4$
└● 소수 둘째 자리 숫자가 2이므로 버립니다.

③ 몫을 반올림하여 소수 둘째 자리까지 나타내기

$3.8 \div 0.7 = 5.428\cdots \Rightarrow 5.43$
└● 소수 셋째 자리 숫자가 8이므로 올립니다.

❻ 나누어 주고 남는 양 알아보기

• 물 9.7 L를 한 사람에게 2 L씩 나누어 줄 때 나누어 줄 수 있는 사람 수와 남는 물의 양 구하기

방법 1 뺄셈식을 이용하여 계산하기

$$9.7 - 2 - 2 - 2 - 2 = 1.7$$
(4번)

나누어 줄 수 있는 사람 수: 4명
남는 물의 양: 1.7 L

방법 2 세로로 계산하기

한 사람이 가지는 양 →
$$\begin{array}{r} 4 \\ 2)\overline{9.7} \\ \underline{8} \\ 1.7 \end{array}$$
← 나누어 주는 양

→ 사람 수는 자연수로 나타내어야 하므로 나눗셈을 계산할 때 자연수까지만 계산합니다.

나누어 줄 수 있는 사람 수: 4명
남는 물의 양: 1.7 L

1 빈칸에 알맞은 수를 써넣으시오.

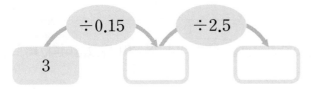

2 길이가 11 m인 색 테이프가 있습니다. 이 색 테이프를 한 도막에 2.75 m씩 자른다면 색 테이프는 몇 도막이 됩니까?

( )

3 밤 13.6 kg을 한 사람당 4 kg씩 나누어 줄 때 나누어 줄 수 있는 사람 수와 남는 밤은 몇 kg인지 알아보기 위해 다음과 같이 계산했습니다. 잘못 계산한 곳을 찾아 바르게 계산해 보시오.

```
      3.4
  4)1 3.6
    1 2
    ─────
      1 6
      1 6
    ─────
        0
```
사람 수: 3명
남는 양: 0.4 kg

⇨

```
  4)1 3.6
```
사람 수 ( )명
남는 양 ( ) kg

4 계산 결과가 작은 것부터 차례대로 기호를 써 보시오.

㉠ 36÷2.4   ㉡ 49÷3.5
㉢ 28÷1.75   ㉣ 51÷4.25

( )

5 번개가 친 곳에서 21 km 떨어진 곳은 번개가 친 약 1분 뒤에 천둥소리를 들을 수 있습니다. 번개가 친 곳에서 8 km 떨어진 곳은 번개가 친 지 몇 분 뒤에 천둥소리를 들을 수 있는지 반올림하여 소수 첫째 자리까지 나타내어 보시오.

( )

6 어느 가게에서 파는 아이스크림의 가격입니다. 같은 양의 아이스크림의 가격을 비교하면 가, 나, 다 중 어느 것이 가장 저렴한지 찾아보시오.

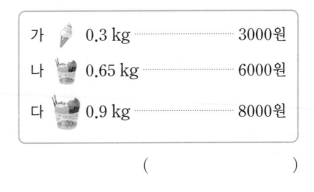

가 0.3 kg ········· 3000원
나 0.65 kg ········· 6000원
다 0.9 kg ········· 8000원

( )

상위권 문제

대표유형 01 바르게 계산한 값 구하기

어떤 수를 2.4로 나누어야 할 것을 잘못하여 2.4를 곱했더니 28.8이 되었습니다. 바르게 계산한 값을 구해 보시오.

---

(1) 어떤 수는 얼마입니까?

( )

(2) 바르게 계산하면 얼마입니까?

( )

> **비법 PLUS**
>
> 곱셈과 나눗셈의 관계를 이용합니다.
>
> ■ × ● = ▲
> ⇨ ■ = ▲ ÷ ●

유제 1

어떤 수를 1.35로 나누어야 할 것을 잘못하여 1.35를 곱했더니 36.45가 되었습니다. 바르게 계산한 값을 구해 보시오.

( )

유제 2

어떤 수를 5.6으로 나누어야 할 것을 잘못하여 5.6을 곱했더니 14가 되었습니다. 바르게 계산했을 때의 몫을 반올림하여 소수 첫째 자리까지 나타내어 보시오.

( )

대표유형 02 도형의 넓이를 알 때 길이 구하기

오른쪽 삼각형의 넓이는 19.5 cm²이고 밑변의 길이는 7.8 cm입니다. 이 삼각형의 높이는 몇 cm인지 구해 보시오.

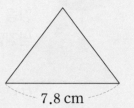

7.8 cm

(1) 삼각형의 높이를 □ cm라 하고 삼각형의 넓이를 구하는 식을 써 보시오.

식ㅣ

(2) 삼각형의 높이는 몇 cm입니까?

( )

비법 PLUS

(삼각형의 넓이)
=(밑변의 길이)×(높이)
÷2

유제 3 오른쪽 마름모의 넓이는 15.6 cm²이고 한 대각선의 길이는 6.5 cm입니다. 이 마름모의 다른 대각선의 길이는 몇 cm인지 구해 보시오.

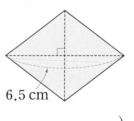

6.5 cm

( )

유제 4 오른쪽 사다리꼴의 넓이는 21.84 cm²이고 윗변의 길이는 4.3 cm, 아랫변의 길이는 6.9 cm입니다. 이 사다리꼴의 높이는 몇 cm인지 구해 보시오.

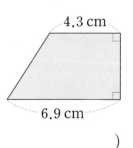

4.3 cm

6.9 cm

( )

대표유형 03

남김없이 담을 때 더 필요한 양 구하기

땅콩 38.6 kg을 한 자루에 4 kg씩 담아 판매하려고 합니다. 이 땅콩을 자루에 담아 남김없이 모두 판매하려면 땅콩은 적어도 몇 kg 더 필요한지 구해 보시오.

(1) 땅콩을 한 자루에 4 kg씩 담으면 담을 수 있는 자루는 몇 자루이고, 남는 땅콩은 몇 kg입니까?

담을 수 있는 자루 수 (   )

남는 땅콩의 양 (   )

(2) 땅콩을 자루에 담아 남김없이 모두 판매하려면 땅콩은 적어도 몇 kg 더 필요합니까?

(   )

> **비법 PLUS**
>
> 땅콩이 적어도 몇 kg 더 필요한지 구하려면
> (한 자루에 담는 땅콩의 양) ―(남는 땅콩의 양)을 계산합니다.

유제 5

고춧가루 52.8 kg을 한 봉지에 3 kg씩 담아 판매하려고 합니다. 이 고춧가루를 봉지에 담아 남김없이 모두 판매하려면 고춧가루는 적어도 몇 kg 더 필요한지 구해 보시오.

(   )

유제 6

서술형 문제

쌀 77.4 kg을 한 자루에 5 kg씩 담아 판매하려고 합니다. 이 쌀을 자루에 담아 남김없이 모두 판매하려면 쌀은 적어도 몇 kg 더 필요한지 풀이 과정을 쓰고 답을 구해 보시오.

풀이 |

답 |

몫의 소수 ■■째 자리 숫자 구하기

몫의 소수 20째 자리 숫자를 구해 보시오.

$$15 \div 11$$

(1) 몫의 소수점 아래 반복되는 숫자를 모두 써 보시오.

(   )

(2) 몫의 소수 20째 자리 숫자는 얼마입니까?

(   )

> **비법 PLUS**
>
> 나눗셈을 하여 몫의 소수점 아래 반복되는 숫자의 규칙을 찾습니다.

7 몫의 소수 33째 자리 숫자를 구해 보시오.

$$9 \div 3.7$$

(   )

8 몫의 소수 49째 자리 숫자를 구해 보시오.

$$12.6 \div 4.4$$

(   )

대표유형 05

수 카드로 나눗셈식을 만들어 몫 구하기

수 카드 1, 8, 4, 9 를 한 번씩 모두 사용하여 몫이 가장 큰 (소수 한 자리 수) ÷ (소수 한 자리 수)를 만들었을 때 그 몫을 구해 보시오.

(1) 수 카드를 한 번씩 모두 사용하여 몫이 가장 큰 나눗셈식이 되도록 □ 안에 알맞은 수를 써넣으시오.

□.□ ÷ □.□

(2) 위 (1)에서 만든 나눗셈식의 몫은 얼마입니까?

( )

비법 PLUS

➡ 몫이 가장 큰 나눗셈식 만들기
• 나누어지는 수: 가장 크게
• 나누는 수: 가장 작게

➡ 몫이 가장 작은 나눗셈식 만들기
• 나누어지는 수: 가장 작게
• 나누는 수: 가장 크게

유제 9

수 카드 5, 6, 1, 8 을 한 번씩 모두 사용하여 다음과 같은 나눗셈식을 만들려고 합니다. 몫이 가장 작은 나눗셈식을 만들고 그 몫을 구해 보시오.

0.□)□.□□

( )

유제 10

서술형 문제

수 카드를 한 번씩 모두 사용하여 몫이 가장 큰 (소수 두 자리 수) ÷ (소수 두 자리 수)를 만들었을 때 그 몫은 얼마인지 풀이 과정을 쓰고 답을 구해 보시오.

0 2 6 4 8 1

풀이 |

답 |

양초가 타는 데 걸리는 시간 구하기

길이가 18.5 cm인 양초가 있습니다. 이 양초에 불을 붙이면 1분에 1.5 mm씩 일정한 빠르기로 탑니다. 남은 양초의 길이가 14 cm가 되는 때는 이 양초에 불을 붙인 지 몇 분 후인지 구해 보시오.

(1) 줄어든 양초의 길이는 몇 cm입니까?

(   )

(2) 남은 양초의 길이가 14 cm가 되는 때는 이 양초에 불을 붙인 지 몇 분 후입니까?

(   )

> **비법 PLUS**
>
> (양초가 타는 데 걸리는 시간)
> =(줄어든 양초의 길이)
> ÷(1분 동안 타는 양초의 길이)

 11 길이가 24 cm인 양초가 있습니다. 이 양초에 불을 붙이면 3분에 0.48 cm씩 일정한 빠르기로 탑니다. 남은 양초의 길이가 16 cm가 되는 때는 이 양초에 불을 붙인 지 몇 분 후인지 구해 보시오.

(   )

12 길이가 18.8 cm인 양초가 있습니다. 이 양초에 불을 붙이면 10분에 1.6 cm씩 일정한 빠르기로 탑니다. 남은 양초의 길이가 6 cm가 되는 때는 이 양초에 불을 붙인 지 몇 시간 몇 분 후인지 구해 보시오.

(   )

대표유형 07 반올림하여 나타낸 몫을 보고 나누어지는 수 구하기

나눗셈의 몫을 반올림하여 자연수로 나타내면 5입니다. ㉠에 알맞은 수를 구해 보시오.

$$㉠.64 \div 0.8$$

(1) 반올림하여 자연수로 나타내면 5가 되는 몫의 범위를 이상과 미만을 이용하여 나타내어 보시오.

☐.☐ 이상 ☐.☐ 미만인 수

(2) 나누어지는 수의 범위를 구하려고 합니다. ☐ 안에 알맞은 수를 써넣으시오.

㉠.64는 ☐ 이상 ☐ 미만인 수입니다.

(3) ㉠에 알맞은 수는 얼마입니까?

( )

비법 PLUS

㉠.64÷0.8
⇩
몫의 범위
▲ 이상 ● 미만인 수
⇩
나누어지는 수의 범위
(▲×0.8) 이상
(●×0.8) 미만인 수

유제 13 나눗셈의 몫을 반올림하여 소수 첫째 자리까지 나타내면 3.6입니다. ☐ 안에 알맞은 수를 구해 보시오.

$$2☐.8 \div 7.4$$

( )

유제 14 나눗셈의 몫을 반올림하여 소수 첫째 자리까지 나타내면 0.8입니다. ☐ 안에 알맞은 수는 모두 몇 개인지 구해 보시오.

$$1.☐68 \div 2.34$$

( )

신유형
08

필요한 페인트 통의 수 구하기

유라는 부모님과 함께 시골 할머니 댁에 갔습니다. 그런데 할머니 댁 담의 칠이 많이 벗겨져서 페인트를 칠하려고 합니다. 담 4.4 m^2를 칠하는 데에는 페인트가 1.1 L 필요합니다. 할머니 댁 담의 전체 넓이는 66 m^2이고 한 통에 들어 있는 페인트는 2 L입니다. 할머니 댁 담을 모두 칠하려면 페인트를 적어도 몇 통 사야 하는지 구해 보시오.

(1) 담 1 m^2를 칠하는 데 필요한 페인트는 몇 L입니까?

( )

신유형 PLUS

필요한 페인트가 ■.▲통과 같이 소수일 때 사야 하는 페인트는 올림하여 (■+1)통입니다.

(2) 담 66 m^2를 칠하는 데 필요한 페인트는 몇 L입니까?

( )

(3) 할머니 댁 담을 모두 칠하려면 페인트를 적어도 몇 통 사야 합니까?

( )

유제
15

현우의 아버지께서 집 벽이 너무 낡아 보여서 페인트를 칠하려고 합니다. 벽 2.5 m^2를 칠하는 데에는 페인트가 0.6 L 필요합니다. 현우네 집 벽의 전체 넓이는 22.5 m^2이고 한 통에 들어 있는 페인트는 0.5 L입니다. 현우네 집 벽을 모두 칠하려면 페인트를 적어도 몇 통 사야 하는지 구해 보시오.

( )

유제
16

채아네 집 지붕의 칠이 많이 벗겨져서 페인트를 칠하려고 합니다. 지붕 5 m^2를 칠하는 데에는 페인트가 1.3 L 필요합니다. 채아네 집 지붕의 전체 넓이는 140 m^2이고 한 통에 들어 있는 페인트는 1.6 L입니다. 채아네 집 지붕을 모두 칠하려면 페인트를 적어도 몇 통 사야 하는지 구해 보시오.

( )

1 어떤 수를 9.5로 나누어야 할 것을 잘못하여 9.5를 곱했더니 57이 되었습니다. 바르게 계산했을 때의 몫을 반올림하여 소수 둘째 자리까지 나타내어 보시오.

(   )

2 삼각형 ㄱㄴㄷ에서 선분 ㄱㄹ은 몇 cm인지 구해 보시오.

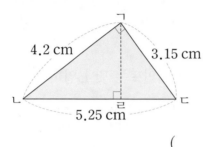

4.2 cm   3.15 cm

5.25 cm

(   )

✦ 삼각형에서 밑변을 어느 변으로 하는지에 따라 삼각형의 높이가 달라질 수 있습니다.

3 수 카드를 한 번씩 모두 사용하여 (소수 한 자리 수)÷(소수 두 자리 수)를 만들려고 합니다. 몫이 가장 클 때와 가장 작을 때의 몫을 각각 반올림하여 소수 첫째 자리까지 나타내어 보시오.

6   1   4   7   3

몫이 가장 클 때 (   )

몫이 가장 작을 때 (   )

4 길이가 45 m인 직선 도로의 양쪽에 처음부터 끝까지 2.5 m 간격으로 나무를 심었습니다. 나무를 모두 몇 그루 심었는지 구해 보시오. (단, 나무의 두께는 생각하지 않습니다.)

(   )

✦ (직선 도로의 한쪽에 심은 나무 수)
 =(나무 사이의 간격 수)+1

서술형 문제

5 휘발유 1.2 L로 17.4 km를 갈 수 있는 자동차가 있습니다. 휘발유가 1 L에 1480원일 때, 이 자동차가 348 km를 가는 데 필요한 휘발유의 값은 얼마인지 풀이 과정을 쓰고 답을 구해 보시오.

풀이|

답|

6 다음 나눗셈은 나누어떨어지지 않습니다. 이 나눗셈의 나누어지는 수에 가장 작은 수 ㉠을 더하여 나눗셈의 몫이 소수 첫째 자리에서 나누어떨어지게 만들려고 합니다. 이때, ㉠을 구해 보시오.

$$4.88 \div 2.75$$

(   )

➕ 나눗셈의 몫이 ■.▲……
일 때, 나누어지는 수에 가장 작은 수 ㉠을 더해서 나눗셈의 몫이 소수 첫째 자리에서 나누어떨어지게 하면 나눗셈의 몫은 ■.▲+0.1 입니다.

7 정민이가 동화책을 어제까지 전체의 0.3만큼 읽었고, 오늘은 어제까지 읽고 남은 부분의 0.5만큼 읽었더니 56쪽이 남았습니다. 정민이가 읽고 있는 동화책은 모두 몇 쪽인지 구해 보시오.

(   )

➕ 동화책 전체의 양이 1일 때 전체의 0.■만큼 읽고 남은 부분은 1−0.■입니다.

서술형 문제

8 식용유 5 L가 들어 있는 통의 무게는 5.29 kg입니다. 이 통에서 식용유 1.2 L를 사용하고 무게를 다시 재어 보니 4.15 kg이었습니다. 빈 통의 무게는 몇 kg인지 풀이 과정을 쓰고 답을 구해 보시오.

풀이 |

답 |

비법 PLUS

➕ (빈 통의 무게)
　＝(식용유 ▥ L가 들어 있는 통의 무게)
　　－(식용유 ▥ L의 무게)

9 1분에 0.9 cm씩 일정한 빠르기로 타는 양초가 있습니다. 이 양초에 불을 붙인 지 15분 후에 남은 양초의 길이를 재어 보니 처음 양초의 길이의 0.4만큼이었습니다. 처음 양초의 길이는 몇 cm인지 구해 보시오.

(　　　　　　　)

10 그림과 같이 길이가 24 cm인 색 테이프를 3.5 cm씩 겹치게 한 줄로 길게 이어 붙였더니 색 테이프의 전체 길이는 270 cm가 되었습니다. 이어 붙인 색 테이프는 모두 몇 장인지 구해 보시오.

➕ 색 테이프를 한 장씩 더 이어 붙일 때마다 색 테이프의 전체 길이는 몇 cm씩 늘어나는지 구합니다.

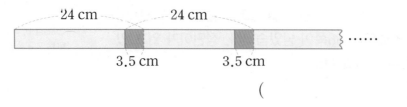

(　　　　　　　)

💡 창의융합형 문제

11 용지의 규격은 큰 종이를 잘라서 작은 종이를 만드는 과정에서 종이의 낭비를 최소로 줄일 수 있는 종이의 크기와 형태를 정해 놓은 것입니다. 용지의 규격은 자르는 과정을 몇 번 반복했는지에 따라 정해지며 오른쪽 그림과 같이 A0 용지를 반으로 자르면 A1 용지, A1 용지를 다시 반으로 자르면 A2 용지가 됩니다. A3 용지의 긴 변의 길이는 짧은 변의 길이의 몇 배인지 반올림하여 소수 둘째 자리까지 나타내어 보시오. (단, 용지의 각 변을 반으로 나눈 길이는 버림하여 소수 첫째 자리까지 나타냅니다.)

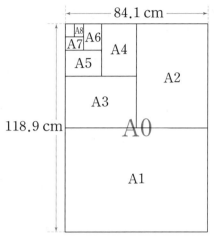

(   )

창의융합 PLUS

➕ 용지의 규격
용지는 A열 용지와 B열 용지, 출판 인쇄용 용지와 사진 인화용 용지 등이 있는데 이는 그 크기가 표준화된 규격이 있으며 모두 다릅니다.

용지 명칭	크기(mm)
A0	841×1189
B0	1030×1456
4·6판 전지	788×1090
국판 전지	636×939
증명사진	25×30
여권 사진	35×45

12 공기 중에서 소리의 속도는 온도에 영향을 받습니다. 공기 중에서 기온이 0 °C일 때 소리는 1초에 331.5 m를 이동하고, 온도가 1 °C씩 높아지면 0.61 m씩 더 많이 이동합니다. 공기 중에서 소리가 3초 동안 이동한 거리가 1043.91 m라면 기온은 몇 °C인지 구해 보시오.

(   )

➕ 소리의 속도
소리의 속도는 소리를 전달하는 물질에 따라 달라집니다. 물속에서 소리의 속도는 공기 중에서 소리의 속도보다 약 4배 빠릅니다.

1 그림과 같은 직사각형 모양의 도화지를 잘라 한 변의 길이가 5.9 cm인 정사각형 모양을 될 수 있는 대로 많이 만들려고 합니다. 정사각형은 모두 몇 개 만들 수 있는지 구해 보시오.

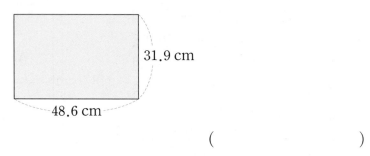

31.9 cm

48.6 cm

( )

2 성우의 현재 몸무게는 작년 몸무게의 1.3배인 48.75 kg입니다. 희준이의 작년 몸무게는 39.52 kg이었고, 현재 몸무게는 43.97 kg입니다. 작년보다 현재 늘어난 몸무게는 성우가 희준이의 몇 배인지 반올림하여 소수 첫째 자리까지 나타내어 보시오.

( )

3 3분 30초 동안 135.1 L의 물이 나오는 ㉮ 수도꼭지와 4분 15초 동안 180.2 L의 물이 나오는 ㉯ 수도꼭지가 있습니다. ㉮와 ㉯ 수도꼭지에서 1분 동안 나오는 물의 양이 각각 일정할 때, 두 수도꼭지를 동시에 틀어서 534.6 L의 물을 받으려면 몇 분 몇 초가 걸리는지 구해 보시오.

( )

4 삼각형 ㄱㄴㄷ의 넓이는 삼각형 ㄹㅁㄷ의 넓이의 1.44배입니다. 삼각형 ㄱㄴㄷ의 넓이가 12.96 cm²라면 변 ㅁㄷ은 몇 cm인지 구해 보시오.

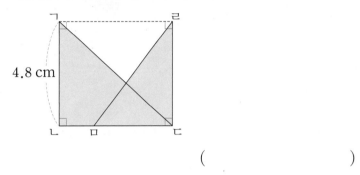

4.8 cm

(   )

5 1시간에 42.5 km씩 가는 배가 있습니다. 강물이 1시간 30분에 24 km씩 일정한 빠르기로 흐른다면 이 배가 강물이 흐르는 방향으로 292.5 km를 가는 데 몇 시간이 걸리는지 구해 보시오.

(   )

6 길이가 80 m인 기차가 한 시간에 144 km를 달립니다. 이 기차가 같은 빠르기로 길이가 0.6 km인 터널을 완전히 통과하는 데 걸리는 시간은 몇 분인지 반올림하여 소수 둘째 자리까지 나타내어 보시오.

(   )

그림을 감상해 보세요.

에두아르 마네, 「철길」, 1873년

3

공간과 입체

핵심 개념과 문제

1 어느 방향에서 본 모양인지 알아보기

물체를 보는 위치와 방향에 따라 보이는 모양이 달라집니다.

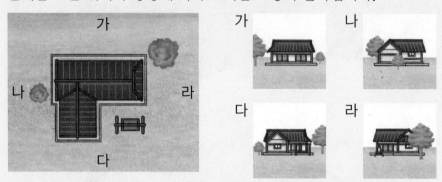

2 쌓은 모양과 위에서 본 모양을 보고 쌓기나무의 개수 알아보기

쌓은 모양에서 보이는 위의 면과 위에서 본 모양이 일치하는 경우는 보이지 않는 부분에 쌓기나무가 없습니다.

⇨ (쌓기나무의 개수)
=4+2+2=8(개)
1층 2층 3층

개념 PLUS

쌓기나무로 쌓은 모양에서 보이는 위의 면과 위에서 본 모양이 일치하지 않는 경우는 쌓은 모양과 쌓기나무의 개수가 여러 가지로 나올 수 있습니다.

• 1개 또는 2개

위에서 본 모양

⇨ 똑같은 모양으로 쌓는 데 필요한 쌓기나무의 개수는 9개 또는 10개입니다.

3 위, 앞, 옆에서 본 모양을 보고 쌓기나무의 개수 알아보기

○ 쌓은 모양을 보고 위, 앞, 옆에서 본 모양 그리기

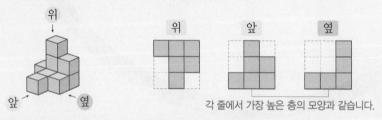

각 줄에서 가장 높은 층의 모양과 같습니다.

○ 위, 앞, 옆에서 본 모양을 보고 쌓은 모양과 쌓기나무의 개수 알아보기

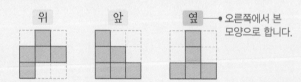

옆 →• 오른쪽에서 본 모양으로 합니다.

위, 앞, 옆에서 본 모양을 보고 쌓은 모양을 알아보면 다음과 같습니다.

⇨ (쌓기나무의 개수)=5+2+1=8(개)

1 〈보기〉와 같이 컵을 놓았을 때 찍을 수 있는 사진을 찾아 써 보시오.

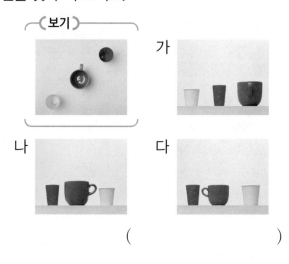

( )

2 주어진 모양과 똑같이 쌓는 데 필요한 쌓기나무의 개수를 구해 보시오.

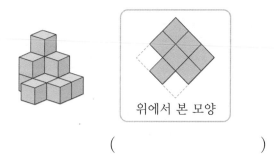

위에서 본 모양

( )

3 오른쪽 쌓기나무로 쌓은 모양을 보고 위에서 본 모양이 될 수 없는 것을 찾아 써 보시오.

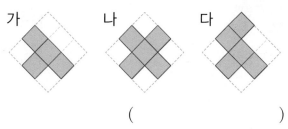

( )

4 발레의 자세를 촬영하고 있습니다. 주어진 장면을 촬영하고 있는 카메라를 찾아 써 보시오.

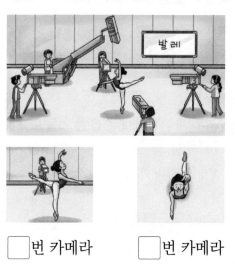

번 카메라   번 카메라

5 쌓기나무 8개로 쌓은 모양을 위와 앞에서 본 모양입니다. 옆에서 본 모양을 그려 보시오.

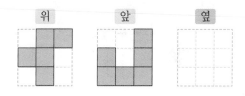

위   앞   옆

6 쌓기나무로 쌓은 모양을 위, 앞, 옆에서 본 모양입니다. 가능하지 않은 모양을 찾아 기호를 써 보시오.

위   앞   옆

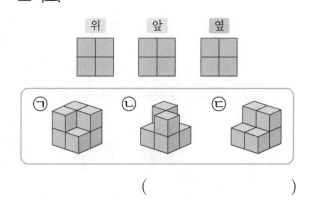

( )

4 위에서 본 모양에 수를 써서 쌓기나무의 개수 알아보기

◯ 쌓은 모양을 보고 위에서 본 모양에 수를 쓰기

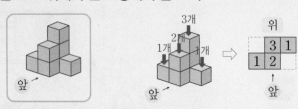

◯ 위에서 본 모양에 수를 쓴 것을 보고 쌓은 모양과 쌓기나무의 개수 알아보기

위에서 본 모양에 수를 쓰는 방법으로 쌓기나무를 쌓으면 쌓은 모양을 정확하게 알 수 있습니다.

각 자리에 있는 수는 그 자리 위에 있는 쌓기나무의 개수입니다.

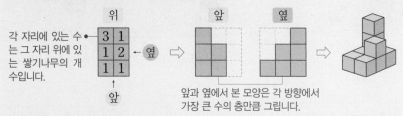

앞과 옆에서 본 모양은 각 방향에서 가장 큰 수의 층만큼 그립니다.

(쌓기나무의 개수)=3+1+1+2+1+1=9(개)

5 층별로 나타낸 모양을 보고 쌓기나무의 개수 알아보기

층별로 나타낸 모양대로 쌓기나무를 쌓으면 쌓은 모양을 정확하게 알 수 있습니다.

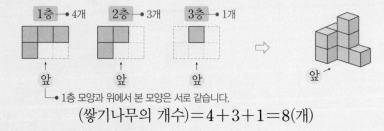

1층 모양과 위에서 본 모양은 서로 같습니다.

(쌓기나무의 개수)=4+3+1=8(개)

6 여러 가지 모양 만들기

◯ 쌓기나무 4개로 서로 다른 모양 만들기

쌓기나무 3개로 만들 수 있는 모양에 쌓기나무 1개를 더 붙입니다.

⇨ 쌓기나무 4개로 만들 수 있는 서로 다른 모양은 모두 8가지입니다.

◯ 두 가지 모양을 사용하여 새로운 모양 만들기

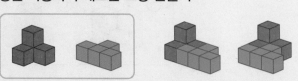

개념 PLUS+

위, 앞, 옆에서 본 모양을 보고 쌓기나무의 개수를 구할 때에는 위에서 본 모양의 각 자리에 있는 쌓기나무의 개수를 알아봅니다.

예

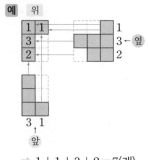

⇨ 1+1+3+2=7(개)

개념 PLUS+

쌓기나무로 만든 모양을 뒤집거나 돌려서 나오는 모양은 같은 모양입니다.

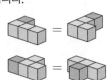

1 쌓기나무로 쌓은 모양을 보고 위에서 본 모양에 수를 써 보시오.

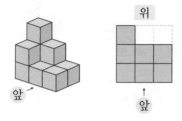

2 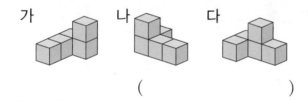 모양에 쌓기나무 1개를 더 붙여서 만들 수 있는 모양이 <u>아닌</u> 것을 찾아 써 보시오.

가   나   다

(   )

3 쌓기나무로 쌓은 모양을 층별로 나타낸 모양입니다. 앞에서 본 모양을 그려 보고, 똑같은 모양으로 쌓는 데 필요한 쌓기나무의 개수를 구해 보시오.

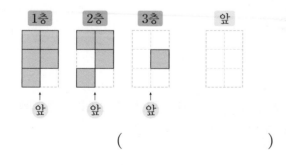

(   )

4 쌓기나무로 쌓은 모양을 위, 앞, 옆에서 본 모양입니다. 똑같은 모양으로 쌓는 데 필요한 쌓기나무의 개수를 구해 보시오.

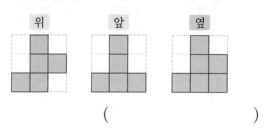

(   )

5 쌓기나무로 쌓은 모양을 보고 위에서 본 모양에 수를 썼습니다. 옆에서 본 모양이 <u>다른</u> 하나를 찾아 써 보시오.

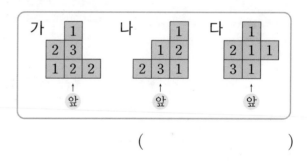

(   )

6 쌓기나무를 각각 4개씩 붙여서 만든 두 가지 모양을 사용하여 아래의 모양을 만들었습니다. 어떻게 만들었는지 구분하여 색칠해 보시오.

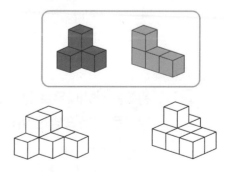

쌓기나무로 쌓은 모양을 어느 방향에서 보았는지 알아보기

왼쪽은 쌓기나무로 쌓은 모양을 보고 위에서 본 모양에 수를 쓴 것입니다. 오른쪽 쌓기나무로 쌓은 모양은 어느 방향에서 본 것인지 기호를 써 보시오.

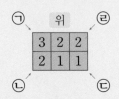

(1) 쌓기나무로 쌓은 모양을 보고 알맞은 방향을 찾아 기호를 써 보시오.

(   ) (   ) (   ) (   )

(2) 쌓기나무로 쌓은 모양은 어느 방향에서 본 것인지 기호를 써 보시오.

(   )

1 왼쪽은 쌓기나무로 쌓은 모양을 보고 위에서 본 모양에 수를 쓴 것입니다. 오른쪽 쌓기나무로 쌓은 모양은 어느 방향에서 본 것인지 기호를 써 보시오.

(   )

2 왼쪽은 쌓기나무로 쌓은 모양을 보고 위에서 본 모양에 수를 쓴 것입니다. 오른쪽 쌓기나무로 쌓은 모양은 어느 방향에서 본 것인지 기호를 써 보시오.

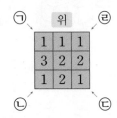

(   )

■층에 있는 쌓기나무의 개수 구하기

쌓기나무로 쌓은 모양을 보고 오른쪽과 같이 위에서 본 모양에 수를 썼습니다. 2층과 3층에 있는 쌓기나무는 모두 몇 개인지 구해 보시오.

위

4			
2	3	3	2
1	1	2	2

(1) 2층과 3층에 있는 쌓기나무는 각각 몇 개입니까?

2층 (   )

3층 (   )

(2) 2층과 3층에 있는 쌓기나무는 모두 몇 개입니까?

(   )

비법 PLUS

■층에 있는
쌓기나무의 개수

‖

■ 이상인 수가 쓰여 있는
칸의 개수

유제 3

쌓기나무로 쌓은 모양을 보고 오른쪽과 같이 위에서 본 모양에 수를 썼습니다. 2층에 있는 쌓기나무는 3층에 있는 쌓기나무보다 몇 개 더 많은지 구해 보시오.

(   )

유제 4 서술형 문제

쌓기나무로 쌓은 모양을 보고 위에서 본 모양에 수를 썼습니다. 가와 나의 2층에 있는 쌓기나무는 모두 몇 개인지 풀이 과정을 쓰고 답을 구해 보시오.

가 위

1	3	2
1	2	1
	1	

나 위

4	2	1
2	3	
	1	

풀이 |

답 |

대표유형 03 새롭게 만든 모양을 보고 사용한 두 가지 모양 찾기

오른쪽 모양은 쌓기나무를 4개씩 붙여 만든 가, 나, 다, 라 모양 중에서 두 가지를 사용하여 만든 새로운 모양입니다. 사용한 두 가지 모양을 찾아 써 보시오.

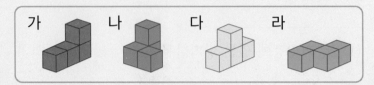

(1) 새로운 모양에 가, 나, 다 모양을 사용했을 때 남은 부분에 사용할 모양이 정하고 남은 모양 중에 있는지 알아보려고 합니다. 알맞은 말에 ◯표 하시오.

비법 PLUS

가, 나, 다, 라 모양 중 1 가지를 정한 후 남은 부분에 정하고 남은 모양과 같은 모양이 있는지 찾아봅니다.

가 모양		사용할 모양이 (있습니다 , 없습니다).
나 모양		사용할 모양이 (있습니다 , 없습니다).
다 모양		사용할 모양이 (있습니다 , 없습니다).

(2) 사용한 두 가지 모양을 찾아 써 보시오.

(   )

유제 5 오른쪽 모양은 쌓기나무를 4개씩 붙여 만든 가, 나, 다, 라 모양 중에서 두 가지를 사용하여 만든 새로운 모양입니다. 사용한 두 가지 모양을 찾아 써 보시오.

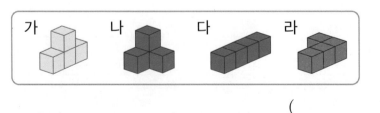

(   )

대표유형 04

정육면체 모양을 만들 때 더 필요한 쌓기나무의 개수 구하기

오른쪽은 쌓기나무로 쌓은 모양과 위에서 본 모양입니다. 쌓은 모양에 쌓기나무를 더 쌓아 가장 작은 정육면체 모양을 만들려고 합니다. 쌓기나무는 몇 개 더 필요한지 구해 보시오.

위에서 본 모양

(1) 주어진 모양을 쌓는 데 사용한 쌓기나무는 몇 개입니까?

(　　　　　)

(2) 가장 작은 정육면체 모양을 만들 때 필요한 쌓기나무는 몇 개입니까?

(　　　　　)

(3) 쌓기나무는 몇 개 더 필요합니까?

(　　　　　)

비법 PLUS

➕ **가장 작은 정육면체 모양 만들기**
쌓은 모양의 가로, 세로, 높이에서 가장 많이 있는 쌓기나무의 개수에 맞추어 정육면체를 쌓으면 됩니다.

유제

6　서술형 문제

다음은 쌓기나무로 쌓은 모양과 위에서 본 모양입니다. 쌓은 모양에 쌓기나무를 더 쌓아 가장 작은 정육면체 모양을 만들려고 합니다. 쌓기나무는 몇 개 더 필요한지 풀이 과정을 쓰고 답을 구해 보시오.

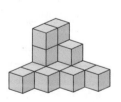

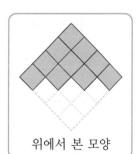

위에서 본 모양

풀이 |

답 |

대표유형 05

위, 앞, 옆에서 본 모양을 보고 쌓은 쌓기나무의 최대, 최소 개수 구하기

오른쪽은 쌓기나무로 쌓은 모양을 위, 앞, 옆에서 본 모양입니다. 쌓기나무가 가장 많을 때와 가장 적을 때 쌓기나무는 각각 몇 개인지 구해 보시오.

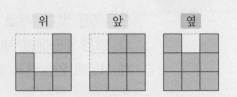

(1) 쌓기나무가 가장 많을 때와 가장 적을 때 위에서 본 모양에 수를 써 보시오.

가장 많을 때	가장 적을 때
위	위

(2) 쌓기나무가 가장 많을 때와 가장 적을 때 쌓기나무는 각각 몇 개입니까?

가장 많을 때 (   )

가장 적을 때 (   )

비법 PLUS

앞과 옆에서 본 모양을 보고 위에서 본 모양의 각 자리에 확실하게 알 수 있는 쌓기나무의 개수를 먼저 씁니다.

예 위

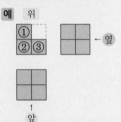

• ①번: 옆 2층 ⇨ 2개
• ③번: 앞 2층 ⇨ 2개
• ②번: 앞 과 옆 2층
        ⇨ 1개 또는 2개

유제 7

오른쪽은 쌓기나무로 쌓은 모양을 위, 앞, 옆에서 본 모양입니다. 쌓기나무가 가장 많을 때와 가장 적을 때 쌓기나무의 개수는 각각 몇 개인지 구해 보시오.

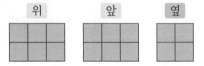

가장 많을 때 (   )

가장 적을 때 (   )

유제 8

오른쪽은 쌓기나무로 쌓은 모양을 위, 앞, 옆에서 본 모양입니다. 쌓기나무가 가장 많을 때와 가장 적을 때 쌓기나무의 개수의 차는 몇 개인지 구해 보시오.

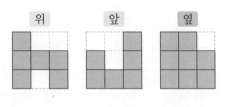

(   )

신유형 06

보이지 않는 쌓기나무가 있을 때 쌓기나무의 개수 구하기

부산 감만항에는 수많은 컨테이너들이 쌓여 있습니다. 쌓여 있는 컨테이너의 모양이 오른쪽 쌓기나무로 쌓은 모양과 같을 때 컨테이너가 가장 많이 쌓여 있는 경우와 가장 적게 쌓여 있는 경우의 컨테이너 개수의 차는 몇 개인지 구해 보시오. (단, 뒤쪽에 쌓인 컨테이너는 보이지 않을 수 있습니다.)

(1) 컨테이너가 가장 많이 쌓여 있는 경우 컨테이너는 몇 개입니까?

( )

(2) 컨테이너가 가장 적게 쌓여 있는 경우 컨테이너는 몇 개입니까?

( )

(3) 컨테이너가 가장 많이 쌓여 있는 경우와 가장 적게 쌓여 있는 경우의 컨테이너 개수의 차는 몇 개입니까?

( )

신유형 PLUS

＋ 컨테이너
화물 수송에 주로 쓰는 쇠로 만들어진 큰 상자입니다. 짐 꾸리기가 편하고 운반이 쉬우며, 안에 들어 있는 화물을 보호할 수 있습니다.

유제 9

택배 회사 물류 창고에 수많은 상자들이 쌓여 있습니다. 쌓여 있는 상자의 모양이 오른쪽 쌓기나무로 쌓은 모양과 같을 때 상자가 가장 많이 쌓여 있는 경우와 가장 적게 쌓여 있는 경우의 상자 개수의 차는 몇 개인지 구해 보시오. (단, 뒤쪽에 쌓인 상자는 보이지 않을 수 있습니다.)

 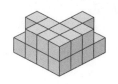

( )

1 쌓기나무로 쌓은 모양을 보고 오른쪽과 같이 위에서 본 모양에 수를 썼습니다. 2층 이상에 있는 쌓기나무는 모두 몇 개인지 구해 보시오.

( )

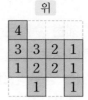

비법 PLUS

✚ (2층 이상에 있는 쌓기나무의 개수)
= (전체 쌓기나무의 개수)
- (1층에 있는 쌓기나무의 개수)

2 왼쪽 정육면체 모양에서 쌓기나무를 몇 개 빼냈더니 오른쪽과 같은 모양이 되었습니다. 빼낸 쌓기나무는 몇 개인지 구해 보시오.

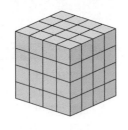 ⇨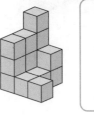

위에서 본 모양

( )

✚ (빼낸 쌓기나무의 개수)
= (정육면체 모양의 쌓기나무의 개수)
- (남은 모양의 쌓기나무의 개수)

3 가 모양은 쌓기나무 3개를 이어 붙여서 만든 것이고 나 모양은 가 모양을 사용하여 만든 것입니다. 나 모양은 가 모양을 몇 개 사용하여 만든 것인지 구해 보시오.

가 　　　　나 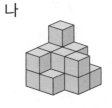　　

위에서 본 모양

( )

4 오른쪽은 쌓기나무 11개로 쌓은 모양입니다. 빨간색 쌓기나무를 3개 빼내었을 때 위, 앞, 옆에서 본 모양을 각각 그려 보시오.

위 　　　　　 앞 　　　　　 옆

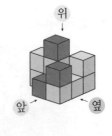

위

앞 　 옆

✚ 빨간색 쌓기나무 3개를 빼내었을 때 보이지 않는 쌓기나무는 없습니다.

5 쌓기나무 4개로 만든 모양에 쌓기나무 1개를 더 붙여서 만들 수 있는 모양은 모두 몇 가지인지 구해 보시오. (단, 뒤집거나 돌렸을 때 같은 모양은 한 가지로 생각합니다.)

( )

6 쌓기나무 10개로 쌓은 모양을 위와 앞에서 본 모양입니다. 옆에서 본 모양을 그려 보시오.

위　　　　앞　　　　옆

서술형 문제
7 쌓기나무 7개를 사용하여 (조건)을 모두 만족하는 모양을 만들려고 합니다. 만들 수 있는 모양은 모두 몇 가지인지 풀이 과정을 쓰고 답을 구해 보시오. (단, 돌렸을 때 같은 모양은 한 가지로 생각합니다.)

┌─(조건)─────────────────
│ • 쌓기나무로 쌓은 모양은 3층입니다.
│ • 각 층의 쌓기나무의 개수는 모두 다릅니다.
│ • 위에서 본 모양은 ▢▢▢▢ 입니다.
└─────────────────────────

풀이│

답│

8 위, 앞, 옆에서 본 모양을 보고 쌓기나무를 쌓아 모양을 만들려고 합니다. 모두 몇 가지로 만들 수 있는지 구해 보시오. (단, 돌렸을 때 같은 모양은 한 가지로 생각합니다.)

위 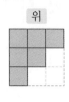   앞   옆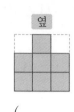

(   )

비법 PLUS

➕ 먼저 위에서 본 모양에 확실한 쌓기나무의 개수를 써 봅니다.

서술형 문제

9 오른쪽과 같이 정육면체 모양으로 쌓은 쌓기나무의 바깥쪽 면에 페인트를 칠하려고 합니다. 한 면이 색칠되는 쌓기나무와 두 면이 색칠되는 쌓기나무의 개수의 차는 몇 개인지 풀이 과정을 쓰고 답을 구해 보시오. (단, 바닥에 닿는 면도 칠합니다.)

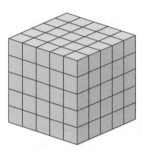

풀이 |

_____

_____

답 | _____

10 쌓기나무 13개로 쌓은 모양을 위, 앞, 옆에서 본 모양입니다. 쌓은 모양을 앞에서 볼 때, 보이지 않는 쌓기나무는 몇 개인지 구해 보시오.

위 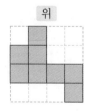   앞 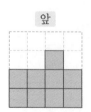   옆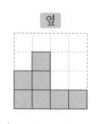

(   )

➕ 앞에서 볼 때 보이지 않는 쌓기나무

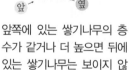

앞쪽에 있는 쌓기나무의 층 수가 같거나 더 높으면 뒤에 있는 쌓기나무는 보이지 않습니다.

창의융합형 문제

11 민주는 3개 또는 4개의 정육면체로 구성된 일곱 개의 소마 큐브 조각을 사용하여 오른쪽과 같은 모양을 만들었습니다. 모양을 만들 때 소마 큐브 조각 중 ㉢과 또 다른 2개의 조각을 더 사용했다면 더 사용한 조각은 무엇인지 모두 찾아 기호를 써 보시오.

위에서 본 모양

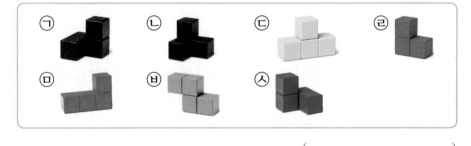

㉠   ㉡   ㉢   ㉣

㉤   ㉥   ㉦

(   )

창의융합 PLUS

➕ 소마 큐브
소마 큐브는 1933년 피에트 하인이 개발한 3차원 퍼즐입니다. 3개 또는 4개의 정육면체로 구성된 일곱 개의 조각으로 정육면체뿐만 아니라 다양한 입체도형을 만들 수 있습니다.

12 다율이네 학교 학생들은 경주로 현장 학습을 갔습니다. 다율이는 현장 학습에서 감은사지 삼층 석탑을 보고 한 모서리가 1 cm인 쌓기나무 76개를 사용하여 감은사지 삼층 석탑 모양을 쌓은 다음 쌓기나무로 쌓은 모양의 바깥쪽 면에 페인트를 칠했습니다. 페인트를 칠한 면의 넓이는 모두 몇 cm²인지 구해 보시오. (단, 위에서 본 모양은 정사각형이고 바닥에 닿는 면도 칠합니다.)

▲ 감은사지 삼층 석탑

(   )

➕ 경주 감은사지 삼층 석탑
경상북도 경주시 양북면 감은사 절터에 있는 통일신라 시대의 석탑으로 국보 제112호입니다. 신라 신문왕 2년(682)에 세워진 것으로 동·서 두 탑이 같은 규모와 구조로 이루어졌으며 규모가 비교적 큰 석탑입니다.

1 오른쪽과 같은 규칙으로 쌓기나무를 10층까지 쌓았습니다. 어느 방향에서도 보이지 않는 쌓기나무는 모두 몇 개인지 구해 보시오. (단, 바닥에 닿는 면은 보이지 않는 면입니다.)

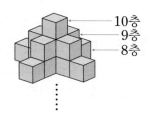

(   )

2 쌓기나무로 쌓은 모양을 위, 앞, 옆에서 본 모양입니다. 쌓은 모양에 쌓기나무를 더 쌓아 가장 작은 정육면체 모양을 만들려고 합니다. 쌓기나무를 가장 적게 사용하여 만들 때 필요한 쌓기나무의 개수를 구해 보시오.

  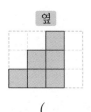

(   )

3 오른쪽은 쌓기나무로 쌓은 모양을 보고 위에서 본 모양에 수를 쓴 것입니다. 쌓은 모양의 바깥쪽 면에 페인트를 칠했을 때 두 면이 색칠된 쌓기나무는 모두 몇 개인지 구해 보시오. (단, 바닥에 닿는 면도 칠합니다.)

위

3	3	1
2	2	
2		

(   )

4 쌓기나무로 쌓은 모양을 앞과 옆에서 본 모양입니다. 쌓은 모양에서 쌓기나무가 가장 많은 경우와 가장 적은 경우의 쌓기나무의 개수의 차는 몇 개인지 구해 보시오. (단, 쌓기나무는 면끼리 맞닿게 쌓습니다.)

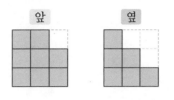

(   )

5 오른쪽은 쌓기나무로 쌓은 모양을 보고 위에서 본 모양에 수를 쓴 것입니다. 쌓은 모양의 바깥쪽 면에 페인트를 칠했습니다. 쌓기나무의 한 모서리의 길이가 2 cm일 때, 페인트를 칠한 면의 넓이는 모두 몇 cm^{2}인지 구해 보시오. (단, 바닥에 닿는 면도 칠합니다.)

위

3	2	2
2	2	1
2		1

(   )

6 쌓기나무 64개를 사용하여 오른쪽과 같이 정육면체 모양을 만들었습니다. 빨간색으로 색칠된 10개의 면에서 반대쪽 면 끝까지 구멍을 뚫는다면 구멍이 뚫린 쌓기나무는 모두 몇 개인지 구해 보시오.

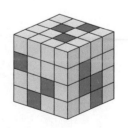

(   )

그림을 감상해 보세요.

바실리 칸딘스키, 「노랑 빨강 파랑」, 1925년

4

비례식과
비례배분

① 비의 성질

◗ 비의 전항과 후항

$$2 : 3$$
전항 후항

기호 ' : ' 앞에 있는 수   기호 ' : ' 뒤에 있는 수

개념 PLUS ➕

연비: 셋 이상의 양의 비를 한꺼번에 나타낸 것
예 1 : 3 : 2, 4 : 2 : 7 : 8

◗ 비의 성질

> 비의 전항과 후항에 **0**이 아닌 같은 수를 곱하여도 비율은 같습니다.

> 비의 전항과 후항을 **0**이 아닌 같은 수로 나누어도 비율은 같습니다.

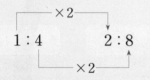

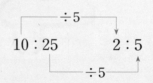

• 1 : 4의 비율 ⇨ $\dfrac{1}{4}$
• 2 : 8의 비율 ⇨ $\dfrac{2}{8} = \dfrac{1}{4}$ ━ 비율이 같습니다.

• 10 : 25의 비율 ⇨ $\dfrac{10}{25} = \dfrac{2}{5}$
• 2 : 5의 비율 ⇨ $\dfrac{2}{5}$ ━ 비율이 같습니다.

개념 PLUS ➕

• 비의 전항과 후항에 각각 0을 곱하면 0 : 0이 되므로 0을 곱할 수 없습니다.
• 0으로는 나눌 수 없으므로 비의 전항과 후항을 0으로 나눌 수 없습니다.

② 간단한 자연수의 비로 나타내기

자연수의 비	비의 전항과 후항을 두 수의 공약수로 나눕니다.
소수의 비	비의 전항과 후항에 10, 100, 1000……을 곱합니다.
분수의 비	비의 전항과 후항에 두 분모의 공배수를 곱합니다.
소수와 분수의 비	**방법 1** 분수를 소수로 나타낸 다음 간단한 자연수의 비로 나타냅니다. **방법 2** 소수를 분수로 나타낸 다음 간단한 자연수의 비로 나타냅니다.

③ 비례식

비례식: 비율이 같은 두 비를 기호 '='를 사용하여 나타낸 식

외항 ━ 비례식에서 바깥쪽에 있는 두 수

$$2 : 3 = 4 : 6$$

내항 ━ 비례식에서 안쪽에 있는 두 수

중1 연계 ↝

등식: 등호 =를 사용하여 수나 식이 같음을 나타낸 식

1 15 : 12와 비율이 같은 비를 모두 찾아 ◯표 하시오.

> 7 : 6   30 : 24   5 : 4   45 : 48

2 비율이 같은 두 비를 찾아 비례식으로 나타내어 보시오.

> 5 : 7 $\dfrac{2}{15} : \dfrac{2}{5}$ 1.5 : 1.8   8 : 24

☐ : ☐ = ☐ : ☐

3 가로와 세로의 비가 3 : 4와 비율이 같은 사각형을 모두 찾아 써 보시오.

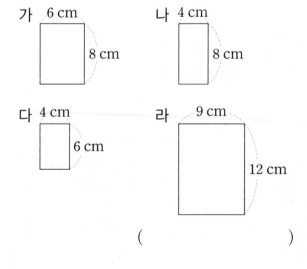

가 6 cm 8 cm

나 4 cm 8 cm

다 4 cm 6 cm

라 9 cm 12 cm

(   )

4 비행기에 탑승한 사람은 모두 224명이고 이중에서 남자는 120명입니다. 비행기에 탑승한 남자 수와 여자 수의 비를 간단한 자연수의 비로 나타내어 보시오.

(   )

5 $1.7 : 1\dfrac{3}{5}$ 을 간단한 자연수의 비로 나타내려고 합니다. 두 가지 방법으로 나타내어 보시오.

방법 1 | _____

_____

_____

방법 2 | _____

_____

_____

6 (조건)에 맞게 비례식을 완성해 보시오.

> **조건**
> • 비율은 $\dfrac{1}{4}$ 입니다.
> • 내항의 곱은 88입니다.

11 : ☐ = ☐ : ☐

❹ 비례식의 성질

◑ 비례식의 성질

비례식에서 **외항의 곱**과 **내항의 곱**은 같습니다.

$2 \times 10 = 20$ ← 외항의 곱

$2 : 5 = 4 : 10$ 같습니다.

$5 \times 4 = 20$ ← 내항의 곱

◑ 비례식의 성질을 이용하여 □의 값 구하기

$3 \times □$

$3 : 7 = 9 : □$

7×9

⇨

$3 \times □ = 7 \times 9$

$3 \times □ = 63$

$□ = 21$

참고 비의 성질을 이용하여 □의 값을 구할 수도 있습니다.

$\underset{\times 3}{\overset{\times 3}{3 : 7 = 9 : □}}$ ⇨ $□ = 7 \times 3 = 21$

❺ 비례식 활용하기

① 구하려고 하는 것을 □라 하여 조건에 맞는 비례식을 세웁니다.
② 비례식의 성질을 이용하여 문제를 해결합니다.

예

가로와 세로의 비가 5 : 3인 직사각형이 있습니다. 이 직사각형의 가로가 10 cm일 때 세로는 몇 cm입니까?

① 세로를 □ cm라 하여 비례식을 세우면 5 : 3 = 10 : □입니다.
② 비례식의 성질을 이용하여 □의 값을 구하면 $5 \times □ = 3 \times 10$, $5 \times □ = 30$, $□ = 6$이므로 세로는 6 cm입니다.

❻ 비례배분

비례배분: 전체를 주어진 비로 배분하는 것

전체 ■를 가 : 나 = ● : ▲로 나누기

⇨ 가 = ■ × $\dfrac{●}{●+▲}$, 나 = ■ × $\dfrac{▲}{●+▲}$

예 50을 2 : 3으로 나누기

$50 \times \dfrac{2}{2+3} = 50 \times \dfrac{2}{5} = 20$ $50 \times \dfrac{3}{2+3} = 50 \times \dfrac{3}{5} = 30$

개념 PLUS ⊕

│ 옳은 비례식 찾기

외항의 곱과 내항의 곱이 같으면 옳은 비례식입니다.

예 • $0.2 : 0.5 = 2 : 5$

외항의 곱: $0.2 \times 5 = 1$
내항의 곱: $0.5 \times 2 = 1$

⇨ 옳은 비례식입니다.

• $\dfrac{1}{3} : \dfrac{1}{4} = 3 : 4$

외항의 곱: $\dfrac{1}{3} \times 4 = \dfrac{4}{3}$
내항의 곱: $\dfrac{1}{4} \times 3 = \dfrac{3}{4}$

⇨ 옳은 비례식이 아닙니다.

개념 PLUS ⊕

│ 연비로 비례배분하기

예 49를 가 : 나 : 다 = 1 : 2 : 4로 나누기

• 가: $49 \times \dfrac{1}{1+2+4} = 7$

• 나: $49 \times \dfrac{2}{1+2+4} = 14$

• 다: $49 \times \dfrac{4}{1+2+4} = 28$

1 옳은 비례식을 찾아 기호를 써 보시오.

> ㉠ $4:7=14:8$
> ㉡ $1.6:0.6=8:3$
> ㉢ $\dfrac{1}{3}:\dfrac{1}{8}=3:8$
> ㉣ $15:28=5:7$

( )

2 28000원짜리 케이크를 사려고 합니다. 필요한 돈을 은수와 동생이 $4:3$으로 나누어 낸다면 은수는 얼마를 내야 합니까?

( )

3 ☐ 안에 알맞은 수가 가장 작은 것은 어느 것입니까? ( )

① $16:36=☐:9$
② $12:☐=300:125$
③ $1\dfrac{1}{2}:2\dfrac{2}{3}=☐:16$
④ $☐:6.6=7:11$
⑤ $1.2:6=1.4:☐$

4 희선이네 반 학생의 25 %가 안경을 썼습니다. 안경을 쓴 학생이 7명이라면 희선이네 반 전체 학생은 몇 명입니까?

( )

5 색종이 300묶음을 학생 수의 비에 따라 두 반에 나누어 주려고 합니다. 두 반에 색종이를 각각 몇 묶음 나누어 주어야 합니까?

반	1	2
학생 수(명)	24	26

1반 ( )
2반 ( )

6 ㉮와 ㉯의 곱이 200보다 작은 6의 배수일 때 비례식에서 ☐ 안에 들어갈 수 있는 가장 큰 자연수를 구해 보시오.

> $㉮:5=☐:㉯$

( )

 대표유형 01 **비율이 같은 비 중에서 조건에 알맞은 비 구하기**

7 : 5와 비율이 같은 비 중에서 전항과 후항의 차가 6인 비를 구해 보시오.

(1) 비의 성질을 이용하여 7 : 5와 비율이 같은 비를 구하려고 합니다. ☐ 안에 알맞은 수를 써넣으시오.

$$7 : 5 \ \Rightarrow \ 14 : \boxed{}, \ 21 : \boxed{}, \ \boxed{} : 20$$

> **비법 PLUS**
>
> 비의 전항과 후항에 0이 아닌 같은 수를 곱하여도 비율은 같습니다.

(2) 위 (1)에서 구한 비 중에서 전항과 후항의 차가 6인 비를 구해 보시오.

( )

유제 **1** 10 : 7과 비율이 같은 비 중에서 전항과 후항의 합이 68인 비를 구해 보시오.

( )

유제 **2** 비율이 $\dfrac{11}{9}$ 인 자연수의 비 중에서 전항과 후항의 차가 8인 비가 있습니다. 이 비의 전항과 후항의 합을 구해 보시오.

( )

비례식 활용하기

어느 자동차가 일정한 빠르기로 15분 동안 24 km를 갔습니다. 같은 빠르기로 이 자동차가 168 km를 가는 데 걸리는 시간은 몇 시간 몇 분인지 구해 보시오.

(1) 이 자동차가 168 km를 가는 데 걸리는 시간을 ☐분이라 하여 비례식을 세워 보시오.

(   )

(2) 같은 빠르기로 이 자동차가 168 km를 가는 데 걸리는 시간은 몇 분입니까?

(   )

(3) 위 (2)에서 구한 시간은 몇 시간 몇 분입니까?

(   )

> **비법 PLUS**
>
> 자동차가 15분 동안 24 km를, ☐분 동안 168 km를 가는 것을 비례식으로 나타내어 봅니다.

유제

3 어느 기차가 일정한 빠르기로 48분 동안 128 km를 갔습니다. 같은 빠르기로 이 기차가 400 km를 가는 데 걸리는 시간은 몇 시간 몇 분인지 구해 보시오.

(   )

4 1 L의 휘발유로 21 km를 갈 수 있는 어느 자동차가 일정한 빠르기로 1시간 30분 동안 112 km를 갔습니다. 이 자동차가 같은 빠르기로 2시간 15분 동안 간다면 필요한 휘발유의 양은 몇 L인지 구해 보시오. (단, 1 km를 가는 데 사용하는 휘발유의 양은 일정합니다.)

(   )

대표유형 03 톱니바퀴의 회전수 또는 톱니 수 구하기

맞물려 돌아가는 두 톱니바퀴 ㉮와 ㉯가 있습니다. 톱니바퀴 ㉮는 톱니가 18개, 톱니바퀴 ㉯는 톱니가 24개입니다. 톱니바퀴 ㉮가 20번 돌 때 톱니바퀴 ㉯는 몇 번 도는지 구해 보시오.

(1) 톱니바퀴 ㉮와 ㉯의 회전수의 비를 나타내어 보시오.

(   )

(2) 톱니바퀴 ㉮가 20번 돌 때 톱니바퀴 ㉯는 몇 번 돕니까?

(   )

비법 PLUS

톱니 수의 비 → ■ : ●
⇨ 회전수의 비 → ● : ■

유제 5

맞물려 돌아가는 두 톱니바퀴 ㉮와 ㉯가 있습니다. 톱니바퀴 ㉮는 톱니가 35개, 톱니바퀴 ㉯는 톱니가 20개입니다. 톱니바퀴 ㉯가 42번 돌 때 톱니바퀴 ㉮는 몇 번 도는지 구해 보시오.

(   )

유제 6

서술형 문제

맞물려 돌아가는 두 톱니바퀴 ㉮와 ㉯가 있습니다. 톱니바퀴 ㉮가 24번 돌 때 톱니바퀴 ㉯는 40번 돕니다. 톱니바퀴 ㉮의 톱니가 25개이면 톱니바퀴 ㉯의 톱니는 몇 개인지 풀이 과정을 쓰고 답을 구해 보시오.

풀이 |

답 |

대표유형 **04**

겹쳐진 두 도형의 넓이의 비 구하기

오른쪽 그림과 같이 원 ㉮와 원 ㉯가 겹쳐져 있습니다. 겹쳐진 부분의 넓이는 ㉮의 넓이의 $\dfrac{1}{3}$, ㉯의 넓이의 $\dfrac{2}{5}$입니다. ㉮와 ㉯의 넓이의 비를 간단한 자연수의 비로 나타내어 보시오.

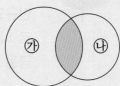

(1) 겹쳐진 부분의 넓이의 관계를 식으로 나타내려고 합니다. ☐ 안에 알맞은 수를 써넣으시오.

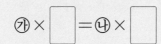

$$㉮ \times \boxed{} = ㉯ \times \boxed{}$$

비법 PLUS

㉮ × ■ = ㉯ × ●
⇨ ㉮ : ㉯ = ● : ■

(2) ㉮와 ㉯의 넓이의 비를 비례식으로 나타내어 보시오.

$$㉮ : ㉯ = \dfrac{2}{5} : \boxed{}$$

(3) ㉮와 ㉯의 넓이의 비를 간단한 자연수의 비로 나타내어 보시오.

(   )

7 오른쪽 그림과 같이 직사각형 ㉮와 원 ㉯가 겹쳐져 있습니다. 겹쳐진 부분의 넓이는 ㉮의 넓이의 $\dfrac{1}{4}$, ㉯의 넓이의 $\dfrac{3}{7}$입니다. ㉮와 ㉯의 넓이의 비를 간단한 자연수의 비로 나타내어 보시오.

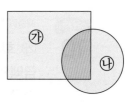

(   )

8 오른쪽 그림과 같이 원 ㉮와 삼각형 ㉯가 겹쳐져 있습니다. 겹쳐진 부분의 넓이는 ㉮의 넓이의 $\dfrac{2}{7}$, ㉯의 넓이의 $\dfrac{3}{5}$입니다. ㉮의 넓이가 84 cm^2일 때 ㉯의 넓이는 몇 cm^2인지 구해 보시오.

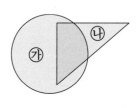

(   )

대표유형 05

총 이익금 구하기

민규와 연희가 각각 100만 원, 150만 원을 투자하여 얻은 이익금을 투자한 금액의 비로 나누어 가졌습니다. 민규가 얻은 이익금이 26만 원이라면 두 사람이 얻은 총 이익금은 얼마인지 구해 보시오.

(1) 민규와 연희가 투자한 금액의 비를 간단한 자연수의 비로 나타내어 보시오.

(   )

(2) 두 사람이 얻은 총 이익금은 얼마입니까?

(   )

> **비법 PLUS**
>
> 두 사람이 얻은 총 이익금을 ☐만 원이라 하고 비례배분한 식을 만들어 ☐의 값을 구합니다.

유제 9

신혜와 영우가 각각 35만 원, 56만 원을 투자하여 얻은 이익금을 투자한 금액의 비로 나누어 가졌습니다. 영우가 얻은 이익금이 32만 원이라면 두 사람이 얻은 총 이익금은 얼마인지 구해 보시오.

(   )

유제 10

서술형 문제

㉮ 회사와 ㉯ 회사가 각각 2000만 원, 2800만 원을 투자하여 얻은 이익금을 투자한 금액의 비로 나누어 가졌습니다. ㉮ 회사가 얻은 이익금이 300만 원이라면 두 회사가 얻은 총 이익금은 얼마인지 풀이 과정을 쓰고 답을 구해 보시오.

풀이 |

답 |

대표유형 06

고장난 시계가 가리키는 시각 구하기

하루에 6분씩 빨리 가는 시계가 있습니다. 어느 날 오전 8시에 이 시계를 정확히 맞추었다면 다음 날 오후 4시에 이 시계가 가리키는 시각은 오후 몇 시 몇 분인지 구해 보시오.

(1) 어느 날 오전 8시부터 다음 날 오후 4시까지는 몇 시간입니까?

( )

(2) 어느 날 오전 8시부터 다음 날 오후 4시까지 이 시계는 몇 분 빨라집니까?

( )

(3) 다음 날 오후 4시에 이 시계가 가리키는 시각은 오후 몇 시 몇 분입니까?

( )

비법 PLUS

✚ 시계가 빨리 가는 경우 시계가 가리키는 시각은 빨라지는 시간만큼 원래 시각에 더해서 구해야 합니다.

✚ 시계가 늦게 가는 경우 시계가 가리키는 시각은 늦어진 시간만큼 원래 시각에서 빼서 구해야 합니다.

유제 11

하루에 12분씩 늦게 가는 시계가 있습니다. 어느 날 오후 6시에 이 시계를 정확히 맞추었다면 다음 날 오후 2시에 이 시계가 가리키는 시각은 오후 몇 시 몇 분인지 구해 보시오.

( )

유제 12

2일에 32분씩 늦게 가는 시계가 있습니다. 어느 날 오전 10시 30분에 이 시계를 정확히 맞추었다면 다음 날 오후 1시 30분에 이 시계가 가리키는 시각은 오후 몇 시 몇 분인지 구해 보시오.

( )

대표유형 07 넓이의 비를 이용하여 변의 길이 구하기

오른쪽 그림에서 직선 가와 직선 나는 서로 평행합니다. 직사각형 ㉮와 삼각형의 ㉯의 넓이의 비가 3 : 4일 때 ㉠의 길이는 몇 cm인지 구해 보시오.

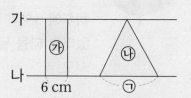

(1) 직사각형 ㉮와 삼각형 ㉯의 넓이의 비를 비례식으로 나타내려고 합니다. □ 안에 알맞은 수를 써넣으시오.

> ㉮의 세로와 ㉯의 높이를 각각 ▦ cm, ㉠의 길이를 ▲ cm라 하여 비례식으로 나타냅니다.
>
> $(6 \times ▦) : (▲ \times ▦ \div 2) = \boxed{} : 4$
>
> $\Rightarrow \boxed{} : (▲ \div 2) = 3 : \boxed{}$

비법 PLUS

평행선 사이의 거리는 일정하므로 직사각형의 세로와 삼각형의 높이는 같습니다.

(2) ㉠의 길이는 몇 cm입니까?

( )

유제 13 오른쪽 그림에서 직선 가와 직선 나는 서로 평행합니다. 평행사변형 ㉮와 사다리꼴 ㉯의 넓이의 비가 2 : 3일 때 ㉠의 길이는 몇 cm인지 구해 보시오.

( )

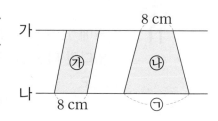

유제 14 직선 가와 직선 나는 서로 평행합니다. 직사각형 ㉮와 삼각형 ㉯의 넓이의 비는 5 : 3이고 삼각형 ㉯와 사다리꼴 ㉰의 넓이의 비는 4 : 7입니다. ㉠의 길이는 몇 cm인지 구해 보시오.

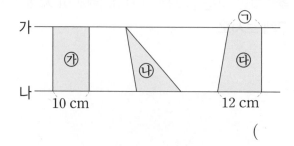

( )

신유형
08

축척을 이용하여 실제 거리 구하기

축척이 1 : 50000인 지도에서 자로 거리를 재어 보았더니 도서관에서 학교까지는 2 cm, 학교에서 공원까지는 7 cm였습니다. 지수가 도서관에서 출발하여 학교를 거쳐 공원까지 가려고 합니다. 지수가 가는 실제 거리는 몇 km인지 구해 보시오.

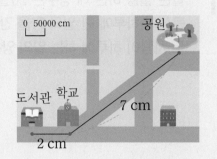

(1) 지수가 도서관에서 출발하여 학교를 거쳐 공원까지 가는 지도상의 거리는 몇 cm입니까?

(   )

(2) 지수가 가는 실제 거리는 몇 km입니까?

(   )

신유형 PLUS

(지도상의 거리)
: (실제 거리)
＝1 : 50000

유제

15 축척이 1 : 25000인 지도에서 자로 거리를 재어 보았더니 지하철역에서 수영장까지는 3 cm, 수영장에서 주민 센터까지는 8 cm였습니다. 규현이가 지하철역에서 출발하여 수영장을 거쳐 주민 센터까지 가는 실제 거리는 몇 km인지 구해 보시오.

(   )

유제

16 오른쪽은 축척이 1 : 20000인 지도에서 자로 ㉮, ㉯, ㉰ 마을 사이의 거리를 재어 나타낸 것입니다. ㉮ 마을에서 출발하여 ㉯ 마을을 거쳐 ㉰ 마을까지 가는 실제 거리와 ㉮ 마을에서 ㉰ 마을까지 바로 가는 실제 거리의 차는 몇 km인지 구해 보시오.

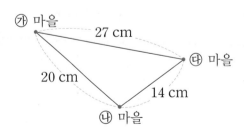

(   )

1 같은 일을 하는 데 정우는 20일 걸렸고, 동생은 26일 걸렸습니다. 정우와 동생이 하루에 한 일의 양을 간단한 자연수의 비로 나타내어 보시오. (단, 두 사람이 하루에 하는 일의 양은 일정합니다.)

(   )

비법 PLUS

✦ 전체 일의 양을 1이라 할 때 이 일을 하는 데 ■일이 걸린다면 하루에 하는 일의 양은 $\frac{1}{■}$입니다.

2 (조건)을 만족하는 어떤 두 수를 구해 보시오.

┌(조건)─────────────────────────────
 • 어떤 두 수의 비 ⇨ 3 : 8   • (어떤 두 수의 곱)=864
└───────────────────────────────────

(,   )

3 어머니께서 삼 형제에게 용돈으로 30000원을 주셨습니다. 그중에서 $\frac{1}{4}$ 을 첫째가 먼저 가진 다음 남은 용돈을 둘째와 셋째가 5 : 4로 나누어 가졌습니다. 셋째가 가진 용돈은 얼마인지 구해 보시오.

(   )

서술형 문제

4 어느 사회인 야구 선수의 타율이 0.375입니다. 이 선수가 안타를 15개 쳤다면 타수는 몇 번인지 풀이 과정을 쓰고 답을 구해 보시오.

풀이 |

답 |

✦ 타수는 타자가 타석에 들어 시시 타격을 완료한 횟수를 말합니다.

5 맞물려 돌아가는 두 톱니바퀴 ㉮와 ㉯가 있습니다. 톱니바퀴 ㉮는 6분 동안 162번을 돌고, 톱니바퀴 ㉯는 7분 동안 147번을 돕니다. 톱니바퀴 ㉮의 톱니가 28개이면 톱니바퀴 ㉯의 톱니는 몇 개인지 구해 보시오.

(   )

비법 PLUS

➕ 톱니바퀴 ㉮와 ㉯의 회전 수의 비는 ㉮와 ㉯가 같은 시간 동안 회전한 수를 이용하여 구합니다.

6 오른쪽 삼각형 ㄱㄴㄷ에서 선분 ㄴㄹ과 선분 ㄹㄷ의 길이의 비는 5 : 7입니다. 삼각형 ㄱㄴㄹ의 넓이가 135 cm^2일 때 삼각형 ㄱㄴㄷ의 넓이는 몇 cm^2인지 구해 보시오.

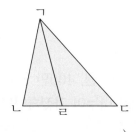

(   )

➕ 삼각형 ㄱㄴㄹ과 삼각형 ㄱㄹㄷ의 높이가 같으므로 두 삼각형의 넓이의 비는 밑변의 길이의 비와 같습니다.

서술형 문제

7 정민이가 버스와 지하철을 타고 할머니 댁에 가려고 합니다. 정민이네 집에서 할머니 댁까지의 거리는 30 km이고, 버스로 간 거리는 지하철로 간 거리의 $\dfrac{3}{7}$입니다. 정민이가 지하철로 간 거리는 몇 km인지 풀이 과정을 쓰고 답을 구해 보시오.

풀이 |

답 |

8 오른쪽 그림과 같이 직사각형 ㉮와 직사각형 ㉯가 겹쳐져 있습니다. 겹쳐진 부분의 넓이는 ㉮의 넓이의 $\frac{3}{7}$, ㉯의 넓이의 20 %입니다. ㉮의 넓이가 42 cm²일 때 ㉯의 넓이는 몇 cm²인지 구해 보시오.

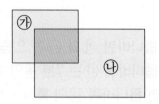

( )

9 지우와 현서가 각각 240만 원, 400만 원을 투자하여 얻은 이익금 80만 원을 투자한 금액의 비로 나누어 가졌습니다. 지우와 현서가 같은 비율로 다시 투자할 때 지우가 얻을 수 있는 이익금이 120만 원이 되려면 지우는 얼마를 투자해야 하는지 구해 보시오. (단, 투자한 금액에 대한 이익금의 비율은 항상 일정합니다.)

( )

10 지난달 혜진이네 학교 6학년 남학생 수와 여학생 수의 비는 13 : 12였습니다. 이번 달에 여학생 몇 명이 전학을 가서 남학생 수와 여학생 수의 비가 9 : 8이 되었고 전체 학생 수는 221명이 되었습니다. 전학을 간 여학생은 몇 명인지 구해 보시오. (단, 남학생 수는 변함이 없습니다.)

( )

✚ 지난달과 이번 달 남학생 수가 같으므로 이번 달 남학생 수를 먼저 구합니다.

창의융합형 문제

11 모래시계는 가운데가 잘록한 호리병 모양의 유리그릇 위쪽에 모래를 넣고, 작은 구멍으로 모래를 떨어뜨려 시간을 재는 시계입니다. 모래가 27 g 들어 있는 ㉮ 모래시계는 1분 동안 9 g 떨어지고, 52 g 들어 있는 ㉯ 모래시계는 3분 동안 31.2 g 떨어집니다. ㉮ 모래시계와 ㉯ 모래시계의 모래가 다 떨어지는 데 걸리는 시간의 차는 몇 분인지 구해 보시오. (단, 모래는 모두 모래시계의 위쪽에 있는 상태에서 떨어지기 시작합니다.)

(   )

창의융합 PLUS

➕ 모래시계
모래시계는 14세기부터 사용되기 시작하여 15세기에 이르러 보편화되었습니다. 모래시계의 모래는 알갱이의 크기가 일정하고, 습기를 완전히 제거한 상태여야 합니다.

12 두 가지 이상의 색을 서로 섞어서 만든 색을 혼색이라고 합니다. 수지는 미술 시간에 혼색을 만들어 그림을 그리려고 합니다. 수지가 다음과 같이 색을 섞어서 초록색 물감과 주황색 물감을 각각 만들었을 때 사용한 노란색 물감은 모두 몇 g인지 구해 보시오.

- 노란색 물감과 파란색 물감을 4 : 3으로 섞어서 초록색 물감 35 g을 만들었습니다.
- 노란색 물감과 빨간색 물감을 5 : 7로 섞어서 주황색 물감 36 g을 만들었습니다.

(   )

➕ 혼색의 예
• 초록색 만들기

노란색 ——   —— 파란색
        초록색

• 주황색 만들기

노란색 ——   —— 빨간색
        주황색

1 2분 동안 20 L의 물이 나오는 수도꼭지로 구멍이 난 수조에 물을 받으려고 합니다. 1분 동안 수도꼭지에서 나오는 물의 양과 수조에서 구멍으로 새는 물의 양의 비는 5 : 2입니다. 15분 후 이 수조에 들어 있는 물은 몇 L인지 구해 보시오.

( )

2 어느 기차가 길이가 200 m인 ㉮ 터널을 완전히 통과하는 데 8초가 걸리고, 길이가 920 m인 ㉯ 터널을 완전히 통과하는 데 23초가 걸립니다. 이 기차의 길이는 몇 m인지 구해 보시오. (단, 기차는 일정한 빠르기로 달립니다.)

( )

3 선우와 혜린이는 똑같은 과자를 사려고 합니다. 이 과자의 가격은 선우가 가지고 있는 돈의 $\frac{1}{4}$이고, 혜린이가 가지고 있는 돈의 $\frac{2}{7}$입니다. 두 사람이 가지고 있는 돈의 차가 600원일 때 과자의 가격은 얼마인지 구해 보시오.

( )

4 길이가 서로 다른 두 막대를 바닥이 평평한 저수지에 수직으로 세웠더니 물 위에 나온 막대의 길이는 각 막대 길이의 $\frac{1}{3}$ 과 $\frac{1}{5}$ 이었습니다. 두 막대의 길이의 합이 22 m라면 저수지의 깊이는 몇 m인지 구해 보시오.

( )

5 선분 ㄱㄴ을 $5:3$으로 나눈 곳을 ㄷ, $9:7$로 나눈 곳을 ㄹ로 표시하였습니다. 선분 ㄹㄷ의 길이가 5 cm일 때 선분 ㄹㄴ의 길이는 몇 cm인지 구해 보시오.

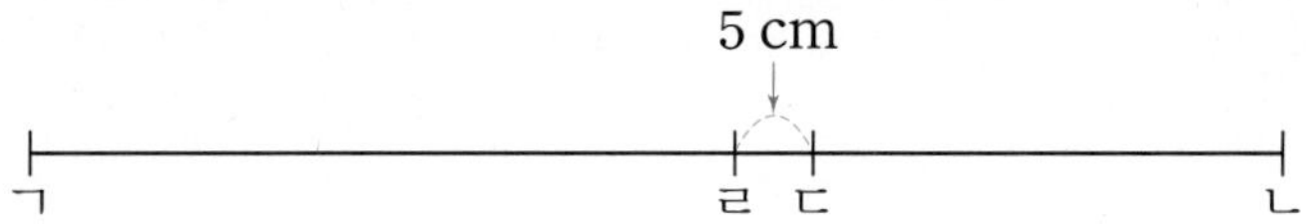

5 cm

ㄱ   ㄹ ㄷ   ㄴ

( )

6 둘레가 같은 직사각형 모양의 밭 ㉮와 ㉯가 있습니다. 가로와 세로의 비가 ㉮는 $3:5$이고 ㉯는 $1:3$입니다. 일정한 빠르기로 ㉮를 일구는 데 4시간이 걸렸다면 같은 빠르기로 ㉯를 일구는 데 걸리는 시간은 몇 시간 몇 분인지 구해 보시오.

( )

 그림을 감상해 보세요.

피에르 오저스트 르느와르,
「부지발의 무도회」, 1882~1883년

5

원의 넓이

STEP 4 핵심 개념과 문제

1 **원주**

원주: 원의 둘레

원주
원의 지름
원의 반지름
원의 중심

2 **원주율**

원주율: 원의 지름에 대한 원주의 비율

$$(원주율)＝(원주)÷(지름)$$

원주율을 소수로 나타내면 3.1415926535897932……와 같이 끝없이 계속됩니다. 따라서 필요에 따라 **3**, **3.1**, **3.14** 등으로 어림하여 사용하기도 합니다.

참고 원주율은 원의 크기과 상관없이 일정합니다.

중1 연계

원주율: 원주율은 기호로 π와 같이 나타내고, '파이'라고 읽습니다.

3 **원주와 지름 구하기**

⊙ 지름을 알 때 원주율을 이용하여 원주 구하기

$$(원주)÷(지름)＝(원주율)$$
$$⇨ (원주)＝(지름)×(원주율)$$

• 지름이 4 cm일 때 원주 구하기 (원주율: 3.14)

4 cm

$(원주)＝4×3.14＝12.56(cm)$

⊙ 원주를 알 때 원주율을 이용하여 지름 구하기

$$(원주)÷(지름)＝(원주율)$$
$$⇨ (지름)＝(원주)÷(원주율)$$

• 원주가 31 cm일 때 지름 구하기 (원주율: 3.1)

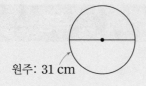
원주: 31 cm

$(지름)＝31÷3.1＝10(cm)$

개념 PLUS

┃ 원주와 지름의 관계
지름이 2배, 3배, 4배……가 되면 원주도 2배, 3배, 4배……가 됩니다.

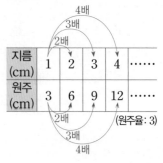

지름 (cm)	1	2	3	4	……
원주 (cm)	3	6	9	12	……

(원주율: 3)

1 설명이 틀린 것을 찾아 기호를 써 보시오.

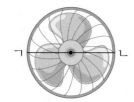

| ㉠ 원의 중심을 지나는 선분 ㄱㄴ은 원의 지름입니다. |
| ㉡ 원주가 길어지면 원의 지름도 길어집니다. |
| ㉢ 원이 커지면 원주율도 커집니다. |

(   )

2 길이가 62 cm인 철사를 남김없이 겹치지 않게 사용하여 원 1개를 만들었습니다. 만든 원의 지름은 몇 cm입니까? (원주율: 3.1)

(   )

3 접시의 (원주)÷(지름)을 반올림하여 주어진 자리까지 나타내어 보시오.

원주: 56.55 cm
지름: 18 cm

반올림하여 소수 둘째 자리까지	반올림하여 소수 셋째 자리까지

4 지름이 60 cm인 원 모양의 바퀴 자를 사용하여 집에서 은행까지의 거리를 알아보려고 합니다. 바퀴가 150바퀴 돌았다면 집에서 은행까지의 거리는 몇 cm입니까? (원주율: 3)

(   )

5 어느 트랙터 앞바퀴의 둘레는 94.2 cm입니다. 뒷바퀴의 둘레가 앞바퀴의 둘레의 2배일 때 뒷바퀴의 반지름은 몇 cm입니까? (원주율: 3.14)

(   )

6 민희와 영우는 훌라후프를 돌리고 있습니다. 민희의 훌라후프는 원주가 310 cm이고 영우의 훌라후프는 지름이 84 cm입니다. 누구의 훌라후프가 더 큽니까? (원주율: 3.1)

(   )

핵심 개념과 문제

4 원의 넓이 어림하기

• 반지름이 5 cm인 원의 넓이 어림하기

방법 1 정사각형을 이용하여 원의 넓이 어림하기

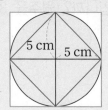

• (원 안에 있는 정사각형의 넓이)
  마름모
  $=10 \times 10 \div 2 = 50(\text{cm}^2)$
• (원 밖에 있는 정사각형의 넓이)
  $=10 \times 10 = 100(\text{cm}^2)$
  ⇨ 원의 넓이는 50 cm²보다 넓고 100 cm²
  보다 좁으므로 75 cm²쯤 될 것 같습니다.

방법 2 모눈종이를 이용하여 원의 넓이 어림하기

$1 \text{ cm}^2 \rightarrow$ 모눈 ■칸의 넓이: ■cm²

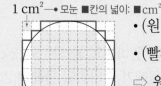

• (원 안쪽 노란색 모눈의 넓이)$=60 \text{ cm}^2$
  원 안쪽 노란색 모눈의 수
• (빨간색 선 안쪽 모눈의 넓이)$=88 \text{ cm}^2$
  빨간색 선 안쪽 모눈의 수
  ⇨ 원의 넓이는 60 cm²보다 넓고 88 cm²
  보다 좁으므로 74 cm²쯤 될 것 같습니다.

5 원의 넓이 구하는 방법

원을 한없이 잘라서 이어 붙이면 점점 직사각형에 가까워지므로 원의 넓이는 직사각형의 넓이를 구하는 방법으로 구할 수 있습니다.

 ⇨ 반지름

(원주)$\times \frac{1}{2}$

$$(\text{원의 넓이}) = (\text{원주}) \times \frac{1}{2} \times (\text{반지름})$$
$$= (\text{원주율}) \times (\text{지름}) \times \frac{1}{2} \times (\text{반지름})$$
$$= (\text{반지름}) \times (\text{반지름}) \times (\text{원주율})$$

6 여러 가지 원의 넓이 구하기

• 색칠한 부분의 넓이 구하기 (원주율: 3)

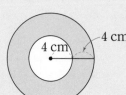

(색칠한 부분의 넓이)
$=$ (큰 원의 넓이) $-$ (작은 원의 넓이)
  반지름이 8 cm인 원   반지름이 4 cm인 원
$= 8 \times 8 \times 3 - 4 \times 4 \times 3$
$= 192 - 48 = 144(\text{cm}^2)$

개념 PLUS ➕

• 원 안에 꼭 맞게 들어가는 마름모의 두 대각선의 길이는 각각 원의 지름과 같습니다.
• 원 밖에 있는 정사각형의 한 변의 길이는 정사각형 안에 꼭 맞게 들어가는 원의 지름과 같습니다.

개념 PLUS ➕

▎반지름과 원의 넓이의 관계

반지름이 2배, 3배, 4배······가 되면 원의 넓이는 4배, 9배, 16배 ······가 됩니다.

반지름 (cm)	1	2	3	4	······
원의 넓이 (cm²)	3	12	27	48	······

(원주율: 3)

개념 PLUS ➕

▎원의 일부분의 넓이 구하기
(원주율: 3)

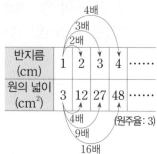

색칠한 부분은

원의 $\frac{60°}{360°} = \frac{1}{6}$ 입니다.

(원의 넓이)
$= 4 \times 4 \times 3 = 48(\text{cm}^2)$
⇨ (색칠한 부분의 넓이)
$= 48 \times \frac{1}{6} = 8(\text{cm}^2)$

1 지름이 6 m인 원 모양의 꽃밭이 있습니다. 이 꽃밭의 넓이는 몇 m²입니까? (원주율: 3.14)

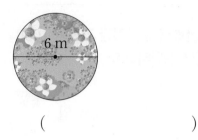

(   )

2 정육각형의 넓이를 이용하여 원의 넓이를 어림하려고 합니다. 삼각형 ㄱㅇㄷ의 넓이가 36 cm²이고 삼각형 ㄹㅇㅂ의 넓이가 27 cm²라면 원의 넓이는 몇 cm²라고 어림할 수 있습니까?

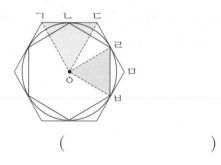

(   )

3 원 모양의 컵 받침을 만들려고 합니다. 직사각형 모양의 종이를 잘라 만들 수 있는 가장 큰 원의 넓이는 몇 cm²입니까? (원주율: 3.1)

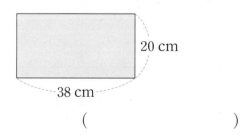

(   )

4 넓이가 넓은 원부터 차례대로 기호를 써 보시오.
(원주율: 3)

> ㉠ 반지름이 5 cm인 원
> ㉡ 지름이 12 cm인 원
> ㉢ 넓이가 147 cm²인 원

(   )

5 원주가 37.68 cm인 원의 넓이는 몇 cm²입니까? (원주율: 3.14)

(   )

6 가장 작은 원의 지름은 4 cm이고, 반지름이 2 cm씩 길어지도록 과녁판을 만들었습니다. 파란색 부분의 넓이는 몇 cm²입니까?

(원주율: 3.1)

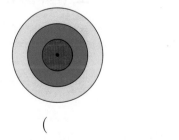

(   )

상위권 문제

대표유형 01

원 모양의 물건이 굴러간 거리를 이용하여 지름 또는 굴린 횟수 구하기

원 모양의 굴렁쇠를 일직선으로 5바퀴 굴렸더니 굴러간 거리가 1050 cm였습니다. 굴렁쇠의 지름은 몇 cm인지 구해 보시오. (원주율: 3)

(1) 굴렁쇠를 한 바퀴 굴렸을 때 굴러간 거리는 몇 cm입니까?

(   )

(2) 굴렁쇠의 지름은 몇 cm입니까?

(   )

> **비법 PLUS**
>
> 굴렁쇠를 한 바퀴 굴렸을 때 굴러간 거리
>
> =
>
> 굴렁쇠의 원주

유제 1

원 모양의 접시를 일직선으로 8바퀴 굴렸더니 굴러간 거리가 401.92 cm였습니다. 접시의 지름은 몇 cm인지 구해 보시오. (원주율: 3.14)

(   )

유제 2

서술형 문제

반지름이 25 cm인 원 모양의 훌라후프를 일직선으로 몇 바퀴 굴렸더니 굴러간 거리가 620 cm였습니다. 훌라후프를 몇 바퀴 굴렸는지 풀이 과정을 쓰고 답을 구해 보시오. (원주율: 3.1)

풀이 |

답 |

대표유형 02

여러 개의 원을 묶는 데 사용한 끈의 길이 구하기

밑면의 반지름이 8 cm인 원 모양의 페인트 통 3개를 그림과 같이 끈으로 한 바퀴 돌려 묶었습니다. 이때 사용한 끈의 길이는 몇 cm인지 구해 보시오. (단, 끈을 묶는 데 사용한 매듭의 길이는 생각하지 않습니다.) (원주율: 3.1)

(1) 곡선 부분에 사용한 끈의 길이의 합과 직선 부분에 사용한 끈의 길이의 합은 각각 몇 cm입니까?

곡선 부분 (   )

직선 부분 (   )

(2) 사용한 끈의 길이는 몇 cm입니까?

(   )

비법 PLUS

그림에서 곡선 부분의 길이의 합은 반지름이 8 cm인 원의 원주와 같습니다.

⊙⊙⊙ ⇨ ⊙
8 cm   8 cm

유제 3

밑면의 반지름이 9 cm인 원 모양의 통조림통 4개를 오른쪽 그림과 같이 끈으로 한 바퀴 돌려 묶었습니다. 이때 사용한 끈의 길이는 몇 cm인지 구해 보시오. (단, 끈을 묶는 데 사용한 매듭의 길이는 생각하지 않습니다.) (원주율: 3)

(   )

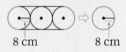

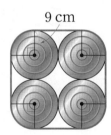

유제 4

밑면의 반지름이 14 cm인 원 모양의 기둥 3개를 오른쪽 그림과 같이 끈으로 한 바퀴 돌려 묶었습니다. 매듭으로 사용한 끈의 길이가 15 cm라면 사용한 끈의 길이는 몇 cm인지 구해 보시오.

(원주율: 3.14)

(   )

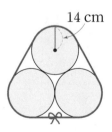

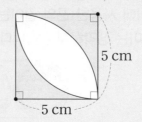

대표유형 03 색칠한 부분의 둘레 구하기

색칠한 부분의 둘레는 몇 cm인지 구해 보시오. (원주율: 3)

5 cm
5 cm

(1) 색칠한 부분에서 곡선 부분의 길이의 합과 직선 부분의 길이의 합은 각각 몇 cm입니까?

곡선 부분 (   )

직선 부분 (   )

(2) 색칠한 부분의 둘레는 몇 cm입니까?

(   )

비법 PLUS

색칠한 부분에서 곡선 부분 2개를 이어 붙인 길이는 반지름이 5 cm인 원의 원주의 $\frac{180°}{360°} = \frac{1}{2}$과 같습니다.

5 cm ⇒ 5 cm

유제 5 오른쪽 도형에서 색칠한 부분의 둘레는 몇 cm인지 구해 보시오.
(원주율: 3.1)

(   )

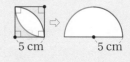
3 cm
60°
6 cm

유제 6 오른쪽 도형에서 색칠한 부분의 둘레는 몇 cm인지 구해 보시오.
(원주율: 3.14)

(   )

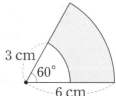
4 cm
4 cm

대표유형 04

색칠한 부분의 넓이 구하기

색칠한 부분의 넓이는 몇 cm^2인지 구해 보시오. (원주율: 3.14)

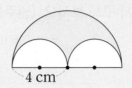

4 cm

(1) 색칠하지 않은 부분의 넓이의 합은 몇 cm^2입니까?

( )

(2) 색칠한 부분의 넓이는 몇 cm^2입니까?

( )

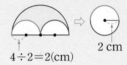

비법 PLUS

색칠하지 않은 부분의 넓이의 합은 반지름이 2 cm인 원의 넓이와 같습니다.

$4 \div 2 = 2(cm)$ 2 cm

 유제 7

오른쪽 도형에서 색칠한 부분의 넓이는 몇 cm^2인지 구해 보시오. (원주율: 3.1)

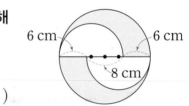

6 cm   6 cm
8 cm

( )

 유제 8

서술형 문제

오른쪽은 정사각형의 네 꼭짓점을 각각 원의 중심으로 하여 원의 일부분을 그린 것입니다. 색칠한 부분의 넓이는 몇 cm^2인지 풀이 과정을 쓰고 답을 구해 보시오. (원주율: 3)

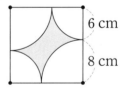

6 cm
8 cm

풀이 |

답 |

대표유형 05

원이 지나간 자리의 넓이 구하기

반지름이 5 cm인 원이 직선을 따라 한 바퀴 굴러 이동했습니다. 원이 지나간 자리의 넓이는 몇 cm²인지 구해 보시오. (원주율: 3.1)

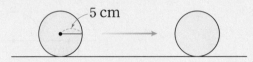

(1) 그림은 원이 지나간 자리를 나타낸 것입니다. ☐ 안에 알맞은 수를 써넣으시오.

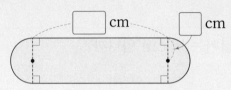

비법 PLUS

원이 직선을 따라 한 바퀴 굴러 이동했을 때 원이 지나간 자리는 직사각형과 반원 2개로 나눌 수 있습니다.

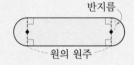

(2) 원이 지나간 자리의 넓이는 몇 cm²입니까?

( )

유제 9

반지름이 7 cm인 원이 직선을 따라 3바퀴 굴러 이동했습니다. 원이 지나간 자리의 넓이는 몇 cm²인지 구해 보시오. (원주율: 3)

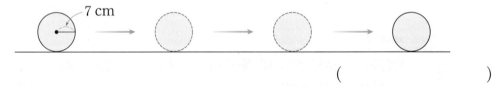

( )

유제 10

반지름이 3 cm인 원이 오른쪽과 같이 한 변의 길이가 12 cm인 정사각형의 둘레를 따라 한 바퀴 돌 때 원이 지나간 자리의 넓이는 몇 cm²인지 구해 보시오.

(원주율: 3.14)

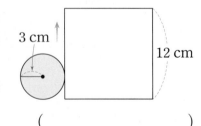

( )

신유형 06

출발선의 위치 정하기

다음과 같이 직선 구간과 반원 모양의 곡선 구간으로 이루어져 있는 경주로에서 200 m 달리기 경기를 하려고 합니다. 공정한 경기를 하려면 4번 경주로에서 달리는 사람은 1번 경주로에서 달리는 사람보다 몇 m 더 앞에서 출발하면 되는지 구해 보시오. (단, 경주로의 거리는 경주로의 안쪽 선을 기준으로 계산합니다.) (원주율: 3)

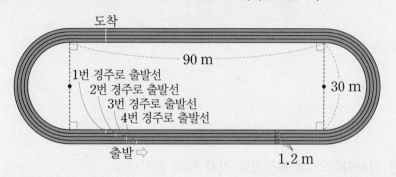

(1) 1번 경주로와 4번 경주로의 한쪽 곡선 구간의 거리는 각각 몇 m입니까?

1번 경주로 (   )

4번 경주로 (   )

(2) 4번 경주로에서 달리는 사람은 1번 경주로에서 달리는 사람보다 몇 m 더 앞에서 출발하면 됩니까?

(   )

신유형 PLUS

• 경주로에 상관없이 직선 구간의 거리는 같으므로 각 경주로별 곡선 구간의 거리의 차이만큼 앞에서 출발하면 됩니다.

• 반원 모양의 지름에 따라 경주로별 곡선 구간의 거리의 차이가 생깁니다.

유제

11 지호와 경세는 다음과 같이 직선 구간과 반원 모양의 곡선 구간으로 이루어져 있는 스피드 스케이팅의 경주로에서 200 m 스피드 스케이팅 경기를 하려고 합니다. 지호는 안쪽 경주로로만 돌고 경세는 바깥쪽 경주로로만 돌 때 공정한 경기를 하려면 경세는 지호보다 몇 m 더 앞에서 출발하면 되는지 구해 보시오. (단, 경주로의 거리는 경주로의 안쪽 선을 기준으로 계산합니다.) (원주율: 3.1)

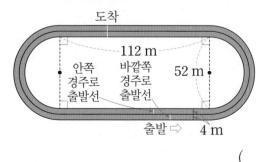

(   )

1 도희는 그림과 같은 모양의 운동장의 둘레를 따라 2바퀴 달렸습니다. 도희가 달린 거리는 모두 몇 m인지 구해 보시오. (원주율: 3.1)

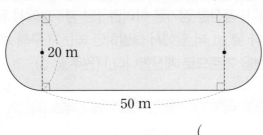

(   )

비법 PLUS

✚ 운동장의 둘레를 직선 구간 과 곡선 구간으로 나누어 생 각합니다.

2 오른쪽은 정사각형의 네 꼭짓점을 각각 원의 중심으로 하여 반지름이 3 cm인 원을 4개 그린 것입니다. 색칠 한 부분의 넓이는 몇 cm^2인지 구해 보시오.

(원주율: 3.14)

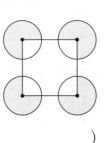

(   )

서술형 문제

3 색칠한 부분의 둘레는 몇 cm인지 풀이 과정을 쓰고 답을 구해 보시오.

(원주율: 3)

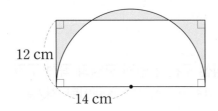

풀이 |

답 |

4 오른쪽 도형에서 색칠한 부분의 넓이는 몇 cm^2 인지 구해 보시오. (원주율: 3.1)

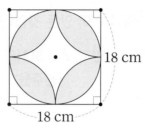

18 cm

18 cm

(   )

비법 PLUS

5 오른쪽 그림과 같이 한 변의 길이가 18 cm인 정사각형 모양의 종이의 각 꼭짓점에서 3 cm 떨어진 곳에 점을 찍고, 각 점을 잇는 선을 따라 접었습니다. 이때 생긴 가장 작은 정사각형 안에 들어갈 수 있는 가장 큰 원의 원주는 몇 cm인 지 구해 보시오. (원주율: 3.14)

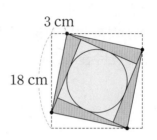

3 cm

18 cm

(   )

➕ 접은 부분의 길이와 접힌 부분의 길이는 같습니다.

서술형 문제

6 오른쪽 그림과 같이 원과 직사각형이 겹쳐져 있고 겹쳐진 부분의 넓이는 직사각형의 넓이의 $\dfrac{3}{8}$ 입니다. 직사각형의 가로는 몇 cm인지 풀이 과정을 쓰고 답을 구해 보시오. (원주율: 3)

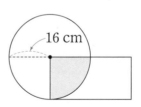

16 cm

풀이 |

답 |

7 오른쪽 도형은 한 변의 길이가 4 cm인 정사각형의 둘레에 원의 $\frac{1}{4}$인 모양을 이어 만든 것입니다. 색칠한 부분의 둘레는 몇 cm인지 구해 보시오.

(원주율: 3.1)

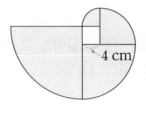
4 cm

(   )

8 오른쪽은 직사각형 안에 원주가 43.96 cm인 원 6개를 그린 것입니다. 색칠하지 않은 부분의 넓이는 몇 cm²인지 구해 보시오. (원주율: 3.14)

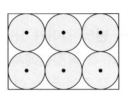

(   )

9 반지름이 2 cm인 원이 직선을 따라 굴러 이동했습니다. 1초에 3 cm씩 가는 빠르기로 8초 동안 이동했다면 원이 지나간 자리의 넓이는 몇 cm² 인지 구해 보시오. (원주율: 3)

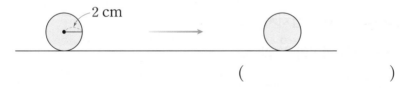
2 cm

(   )

10 오른쪽 도형은 반지름이 20 cm인 원의 둘레를 8등분하여 점을 찍은 것입니다. 색칠한 부분의 넓이는 몇 cm²인지 구해 보시오. (원주율: 3.1)

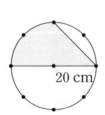
20 cm

(   )

창의융합형 문제

11 양궁에서 과녁의 가장 안쪽 원의 지름은 8 cm이고, 이 원을 맞혀서 얻는 점수는 10점입니다. 원이 커질수록 원의 지름이 8 cm씩 길어질 때 과녁에서 7점을 얻을 수 있는 부분의 넓이는 몇 cm²인지 구해 보시오.

(원주율: 3.14)

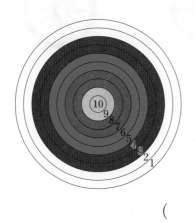

(   )

창의융합 PLUS

✚ 양궁

양궁은 서양식으로 만든 활 또는 그 활로 겨루는 경기를 말합니다. 일정 거리에서 떨어져 있는 과녁을 향해 쏘아서 얻은 점수의 합계가 높은 쪽이 승리합니다.

12 대한민국의 국기인 태극기는 흰색 바탕에 가운데 태극 문양과 네 모서리의 건곤감리 4괘로 구성되어 있습니다. 그중 태극 문양은 음(파랑)과 양(빨강)의 조화를 상징합니다. 태극기의 태극 문양에서 파란색 부분의 넓이가 55.8 cm²라면 파란색 부분의 둘레는 몇 cm인지 구해 보시오.

(원주율: 3.1)

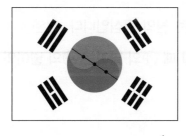

(   )

✚ 태극기에 담긴 의미

건괘 — 감괘
이괘 — 곤괘

태극기의 흰색 바탕은 밝음과 순수, 평화를 사랑하는 우리의 민족성을 나타냅니다. 네 모서리의 4괘는 음과 양이 서로 변화하고 발전하는 모습을 구체적으로 나타낸 것입니다. 그 가운데 건괘는 하늘, 곤괘는 땅, 감괘는 물, 이괘는 불을 뜻합니다.

1 반지름이 각각 15 cm, 20 cm인 두 바퀴가 있습니다. 두 바퀴는 길이가 2.4 m인 벨트로 연결되어 있습니다. 두 바퀴의 회전수의 합이 140번일 때 벨트의 회전수는 몇 번인지 구해 보시오. (원주율: 3.1)

(   )

2 오른쪽 도형에서 색칠한 두 부분의 넓이가 같을 때 선분 ㄱㄴ은 몇 cm인지 구해 보시오. (원주율: 3.14)

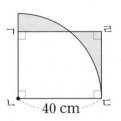

(   )

3 오른쪽 도형에서 점 ㄱ은 가장 큰 원의 중심입니다. 선분 ㄴㄷ의 길이가 선분 ㄱㄴ의 길이의 $\frac{1}{2}$일 때 ㉮의 넓이는 ㉯의 넓이의 몇 배인지 구해 보시오. (원주율: 3)

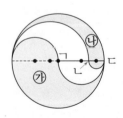

(   )

빠른 정답 5쪽 ——— 정답과 풀이 36쪽

4 오른쪽 도형은 직각삼각형 안에 원을 꼭 맞게 그린 것입니다. 직각삼각형 안에 그린 원의 원주는 몇 cm인지 구해 보시오.

(원주율: 3.14)

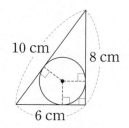

(   )

5 오른쪽 도형은 한 변의 길이가 16 cm인 정사각형 안에 지름이 16 cm인 반원과 반지름이 16 cm인 원의 일부분 2개를 그린 것입니다. ㉮와 ㉯의 넓이의 차는 몇 cm^2인지 구해 보시오. (원주율: 3.1)

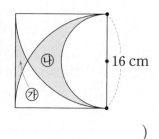

(   )

6 오른쪽 그림과 같이 직사각형 모양의 울타리의 한 꼭짓점에 길이가 10 m인 끈으로 양 한 마리를 묶어 놓았습니다. 이 양이 움직일 수 있는 범위의 넓이는 몇 m^2인지 구해 보시오. (단, 양은 울타리 안으로 들어갈 수 없고 양의 크기는 생각하지 않습니다.) (원주율: 3)

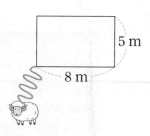

(   )

그림을 감상해 보세요.

빈센트 반 고흐, 「꽃 피는 아몬드 나무」, 1890년

6

원기둥, 원뿔, 구

핵심 개념과 문제

❶ 원기둥과 원기둥의 전개도

◗ **원기둥**: 위와 아래에 있는 면이 서로 평행하고 합동인 원으로 이루어진 기둥 모양의 입체도형

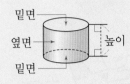

- **밑면**: 서로 평행하고 합동인 두 면
- **옆면**: 두 밑면과 만나는 면 → 굽은 면
- **높이**: 두 밑면에 수직인 선분의 길이

◗ **원기둥의 전개도**: 원기둥을 잘라서 평면 위에 펼쳐 놓은 그림

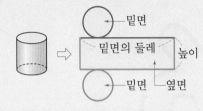

- 밑면은 원 모양이고, 옆면은 직사각형 모양입니다.
- (옆면의 가로의 길이)=(밑면의 둘레)=(밑면의 지름)×(원주율)
- (옆면의 세로의 길이)=(원기둥의 높이)

개념 PLUS ➕

직사각형을 돌려 원기둥 만들기

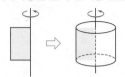

- (직사각형의 가로의 길이)
  =(원기둥의 밑면의 반지름)
- (직사각형의 세로의 길이)
  =(원기둥의 높이)

❷ 원뿔

◗ **원뿔**: 평평한 면이 원이고 옆을 둘러싼 면이 굽은 면인 뿔 모양의 입체도형

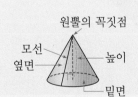

- **밑면**: 평평한 면
- **옆면**: 옆을 둘러싼 굽은 면
- **원뿔의 꼭짓점**: 뾰족한 부분의 점
- **모선**: 원뿔의 꼭짓점과 밑면인 원의 둘레의 한 점을 이은 선분
- **높이**: 원뿔의 꼭짓점에서 밑면에 수직인 선분의 길이

개념 PLUS ➕

직각삼각형을 돌려 원뿔 만들기

- (직각삼각형의 밑변의 길이)
  =(원뿔의 밑면의 반지름)
- (직각삼각형의 높이)
  =(원뿔의 높이)

❸ 구

◗ **구**: 공 모양의 입체도형

- **구의 중심**: 가장 안쪽에 있는 점
- **구의 반지름**: 구의 중심에서 구의 겉면의 한 점을 이은 선분

개념 PLUS ➕

반원을 돌려 구 만들기

 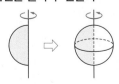

(반원의 반지름)=(구의 반지름)

1 원기둥, 원뿔, 구를 각각 찾아보시오.

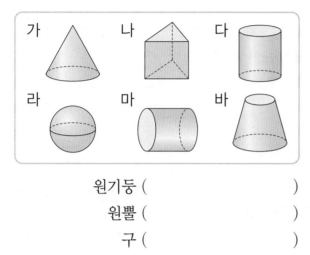

원기둥 (   )

원뿔 (   )

구 (   )

2 원뿔에서 모선의 길이와 높이의 차는 몇 cm입니까?

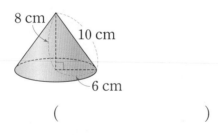

(   )

3 반원 모양의 종이를 오른쪽과 같이 지름을 기준으로 한 바퀴 돌려 만든 입체도형의 반지름은 몇 cm입니까?

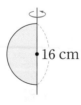

(   )

4 다음은 어떤 입체도형을 위, 앞, 옆에서 본 모양을 각각 나타낸 것입니다. 이 입체도형의 이름을 써 보시오.

위에서 본 모양	앞에서 본 모양	옆에서 본 모양
◯	△	△

(   )

5 민석이와 진호가 오른쪽 원기둥을 관찰하며 나눈 대화입니다. 이 원기둥의 높이는 몇 cm인지 구해 보시오.

- 민석: 위에서 본 모양은 반지름이 7 cm인 원이야.
- 진호: 앞에서 본 모양은 정사각형이야.

(   )

6 원기둥의 전개도에서 밑면의 반지름은 몇 cm입니까? (원주율: 3.14)

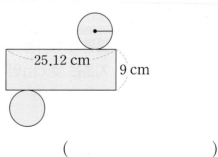

(   )

상위권 문제

대표유형 01

원기둥의 전개도의 둘레 구하기

오른쪽 원기둥의 전개도에서 한 밑면의 둘레가 45 cm일 때 전개도의 둘레는 몇 cm인지 구해 보시오.

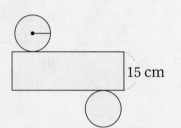

15 cm

(1) 옆면의 가로와 세로는 각각 몇 cm입니까?

옆면의 가로 (   )

옆면의 세로 (   )

(2) 옆면의 둘레는 몇 cm입니까?

(   )

(3) 전개도의 둘레는 몇 cm입니까?

(   )

비법 PLUS

원기둥의 전개도에서 옆면의 가로는 밑면의 둘레와 같습니다.

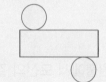

유제 1

한 밑면의 둘레가 37.68 cm이고 높이가 16 cm인 원기둥이 있습니다. 이 원기둥의 전개도의 둘레는 몇 cm인지 구해 보시오.

(   )

유제 2

오른쪽 원기둥의 전개도의 둘레가 317.6 cm일 때 밑면의 반지름은 몇 cm인지 구해 보시오. (원주율: 3.1)

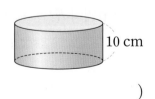

10 cm

(   )

입체도형을 위, 앞, 옆에서 본 모양의 둘레와 넓이 구하기

오른쪽 원뿔을 앞에서 본 모양의 둘레와 넓이를 각각 구해 보시오.

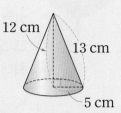

(1) 원뿔을 앞에서 본 모양을 그리고 각 변의 길이를 나타내어 보시오.

(2) 원뿔을 앞에서 본 모양의 둘레는 몇 cm입니까?

(　　　　　　)

(3) 원뿔을 앞에서 본 모양의 넓이는 몇 cm²입니까?

(　　　　　　)

비법 PLUS

➕ 원기둥, 원뿔, 구를 위, 앞, 옆에서 본 모양

유제 3 오른쪽 원기둥을 앞에서 본 모양의 둘레는 몇 cm인지 구해 보시오.

(　　　　　　)

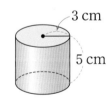

서술형 문제

유제 4 반원 모양의 종이를 오른쪽과 같이 지름을 기준으로 한 바퀴 돌려 만든 입체도형을 옆에서 본 모양의 넓이는 몇 cm²인지 풀이 과정을 쓰고 답을 구해 보시오. (원주율: 3.14)

풀이 |

답 |

대표유형 03

최대한 높은 상자를 만들 때 상자의 높이 구하기

가로 24 cm, 세로 30 cm인 직사각형 모양의 두꺼운 종이에 원기둥의 전개도를 그리고 오려 붙여 원기둥 모양의 상자를 만들려고 합니다. 밑면의 반지름을 4 cm로 하여 최대한 높은 상자를 만든다면 상자의 높이는 몇 cm가 되는지 구해 보시오. (원주율: 3)

(1) 원기둥의 전개도에서 옆면의 가로는 몇 cm입니까?

(   )

(2) 최대한 높은 상자를 만든다면 상자의 높이는 몇 cm가 됩니까?

(   )

> **비법 PLUS**
> (원기둥의 높이)
> =(종이의 가로 또는 세로)
> −(원기둥의 밑면의 지름)×2

유제 5

가로 31 cm, 세로 28 cm인 직사각형 모양의 두꺼운 종이에 원기둥의 전개도를 그리고 오려 붙여 원기둥 모양의 상자를 만들려고 합니다. 밑면의 반지름을 5 cm로 하여 최대한 높은 상자를 만든다면 상자의 높이는 몇 cm가 되는지 구해 보시오. (원주율: 3.1)

(   )

유제 6

지혜와 승호는 가로 40 cm, 세로 35 cm인 직사각형 모양의 두꺼운 종이에 원기둥의 전개도를 그리고 오려 붙여 원기둥 모양의 상자를 만들려고 합니다. 밑면의 반지름을 지혜는 4 cm, 승호는 6 cm로 하여 최대한 높은 상자를 만든다면 누가 만든 상자의 높이가 몇 cm 더 높은지 구해 보시오. (원주율: 3)

(,   )

원기둥의 전개도에서 옆면의 둘레 또는 넓이를 알 때 높이 구하기

대표유형 04

(조건)을 모두 만족하는 원기둥의 높이는 몇 cm인지 구해 보시오. (원주율: 3)

┌(조건)─────────────
• 전개도에서 옆면의 둘레는 120 cm입니다.
• 원기둥의 높이는 밑면의 지름의 2배입니다.
└──────────────

(1) 원기둥의 밑면의 지름은 몇 cm입니까?

(　　　　　　)

(2) 원기둥의 높이는 몇 cm입니까?

(　　　　　　)

> 비법 PLUS
>
> 원기둥의 전개도에서
> • 옆면의 가로의 길이는 밑면의 둘레와 같습니다.
> • 옆면의 세로의 길이는 원기둥의 높이와 같습니다.

유제 7

(조건)을 모두 만족하는 원기둥의 높이는 몇 cm인지 구해 보시오. (원주율: 3)

┌(조건)─────────────
• 전개도에서 옆면의 둘레는 64 cm입니다.
• 원기둥의 높이와 밑면의 지름은 같습니다.
└──────────────

(　　　　　　)

유제 8

서술형 문제

(조건)을 모두 만족하는 원기둥의 높이는 몇 cm인지 풀이 과정을 쓰고 답을 구해 보시오. (원주율: 3)

┌(조건)─────────────
• 전개도에서 옆면의 넓이는 600 cm²입니다.
• 원기둥의 높이는 밑면의 지름의 2배입니다.
└──────────────

풀이 |

＿＿＿＿＿＿＿＿＿＿＿＿＿＿＿＿＿＿＿＿＿＿＿＿

＿＿＿＿＿＿＿＿＿＿＿＿＿＿＿＿＿＿＿＿＿＿＿＿

＿＿＿＿＿＿＿＿＿＿＿＿＿＿＿＿＿＿＿＿＿＿＿＿

답 | ＿＿＿＿＿＿＿＿＿

대표유형 **05**

돌리기 전의 평면도형의 넓이 구하기

왼쪽 평면도형을 한 변을 기준으로 한 바퀴 돌려 오른쪽과 같은 입체도형을 만들었습니다. 돌리기 전의 평면도형의 넓이는 몇 cm²인지 구해 보시오. (원주율: 3)

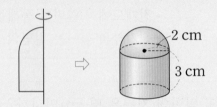

(1) 오른쪽 평면도형에서 각 부분의 길이를 구하려고 합니다. ☐ 안에 알맞은 수를 써넣으시오.

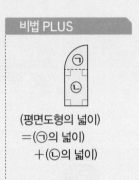
(2) 위 (1)의 도형에서 ㉠과 ㉡의 넓이는 각각 몇 cm²입니까?

㉠ (   ), ㉡ (   )

(3) 돌리기 전의 평면도형의 넓이는 몇 cm²입니까?

(   )

유제 **9**

왼쪽 평면도형을 한 변을 기준으로 한 바퀴 돌려 오른쪽과 같은 입체도형을 만들었습니다. 돌리기 전의 평면도형의 넓이는 몇 cm²인지 구해 보시오. (원주율: 3.1)

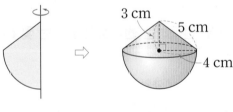

(   )

유제 **10**

오른쪽은 어떤 평면도형을 한 변을 기준으로 한 바퀴 돌려 만든 입체도형입니다. 돌리기 전의 평면도형의 넓이는 몇 cm²인지 구해 보시오.

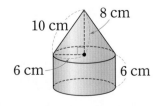

(   )

신유형
06
원기둥의 전개도의 넓이 구하기

고대 그리스의 수학자 아르키메데스의 묘비에는 원기둥 안에 꼭 맞게 들어가는 구가 그려져 있습니다. 구의 반지름이 2 cm 일 때 원기둥의 전개도의 넓이는 몇 cm²인지 구해 보시오.
(원주율: 3)

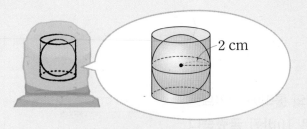

▲ 아르키메데스

(1) 원기둥의 전개도를 그리고 밑면의 반지름과 옆면의 가로, 세로의 길이를 나타내어 보시오.

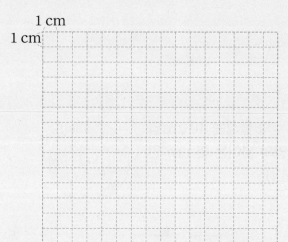

신유형 PLUS

➕ 아르키메데스의 묘비
아르키메데스는 생전에 자신의 묘비에 '원기둥에 구를 넣은 모양'을 조각해 달라는 유언을 남겼습니다. 아르키메데스는 로마와의 전쟁 중에 사망하였고, 그를 존경했던 로마의 장군 마르쿠스가 그의 유언대로 묘비에 그가 연구한 도형을 새겨 넣었다고 전해집니다.

(2) 원기둥의 전개도의 넓이는 몇 cm²입니까?

( )

유제
11
오른쪽은 유정이가 원기둥 모양의 통에 축구공을 꼭 맞게 넣은 것입니다. 축구공의 반지름이 11 cm일 때 원기둥의 전개도의 넓이는 몇 cm²인지 구해 보시오. (원주율: 3)

11 cm

( )

1 오른쪽 원기둥의 전개도의 둘레는 272 cm입니다. 이 전개도를 접었을 때 만들어지는 원기둥의 높이는 몇 cm인지 구해 보시오. (원주율: 3.1)

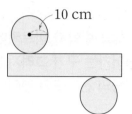

10 cm

(   )

2 광수는 오른쪽 원기둥 모양의 롤러에 페인트를 묻힌 후 바닥에 일직선으로 10바퀴 굴렸습니다. 페인트가 칠해진 부분의 넓이는 몇 cm²인지 구해 보시오. (원주율: 3.14)

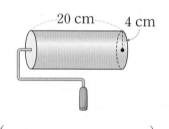

20 cm   4 cm

(   )

➕ 롤러를 한 바퀴 굴렸을 때 페인트가 칠해진 부분의 넓이는 롤러의 옆면의 넓이와 같습니다.

3 오른쪽 구에서 삼각형 ㄱㄴㄷ의 둘레는 40 cm입니다. 이 구를 위에서 본 모양의 넓이는 몇 cm²인지 구해 보시오. (원주율: 3.14)

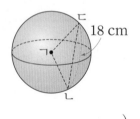

ㄷ
18 cm
ㄱ
ㄴ

(   )

➕ 선분 ㄱㄴ과 선분 ㄱㄷ은 구의 중심에서 구의 겉면의 한 점을 이은 선분이므로 구의 반지름입니다.

4 오른쪽 직사각형의 가로와 세로를 기준으로 각각 한 바퀴 돌려 만든 입체도형의 전개도에서 옆면의 둘레의 차는 몇 cm인지 구해 보시오. (원주율: 3)

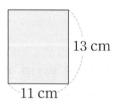

13 cm
11 cm

(   )

5 삼각형을 오른쪽과 같이 직선 ㄱㄴ을 기준으로 한 바퀴 돌려 만든 입체도형을 앞에서 본 모양의 넓이는 몇 cm²인지 구해 보시오.

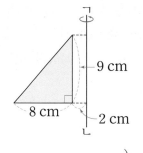

9 cm

8 cm

2 cm

(   )

서술형 문제

6 원기둥과 구를 앞에서 본 모양의 둘레는 서로 같습니다. 원기둥의 높이는 몇 cm인지 풀이 과정을 쓰고 답을 구해 보시오. (원주율: 3.14)

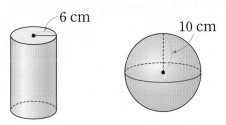

6 cm

10 cm

풀이 |

＿＿＿＿＿＿＿＿＿＿＿＿＿＿＿＿＿＿＿＿＿＿＿＿＿＿＿＿＿

＿＿＿＿＿＿＿＿＿＿＿＿＿＿＿＿＿＿＿＿＿＿＿＿＿＿＿＿＿

답 | ＿＿＿＿＿＿＿＿＿＿＿＿＿＿＿＿＿＿＿

7 〈조건〉을 모두 만족하는 원기둥의 높이는 몇 cm인지 구해 보시오.

(원주율: 3)

〈조건〉

• 전개도의 둘레는 40 cm입니다.

• 원기둥의 높이는 밑면의 지름의 4배입니다.

(   )

8 똑같은 원기둥 2개를 오른쪽 그림과 같이 폭이 일정한 포장지로 겹치지 않게 한 바퀴 둘렀습니다. 사용한 포장지의 넓이는 몇 cm^2인지 구해 보시오. (원주율: 3.14)

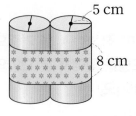
5 cm
8 cm

(　　　　　　)

서술형 문제

9 오른쪽은 어떤 평면도형을 한 변을 기준으로 한 바퀴 돌려 만든 입체도형의 전개도입니다. 입체도형의 옆면의 넓이가 372 cm^2일 때 돌리기 전의 평면도형의 넓이는 몇 cm^2인지 풀이 과정을 쓰고 답을 구해 보시오. (원주율: 3.1)

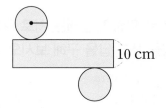
10 cm

풀이 |

답 |

10 오른쪽 입체도형은 원기둥의 $\frac{1}{3}$만큼을 잘라 내고 남은 것입니다. 이 입체도형의 겉면에 색종이를 겹치지 않게 빈틈없이 붙이려고 합니다. 필요한 색종이의 넓이는 몇 cm^2인지 구해 보시오. (원주율: 3)

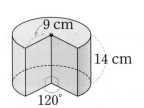
9 cm
14 cm
120°

(　　　　　　)

💡 창의융합형 문제

11 지구의는 지구를 본떠 만든 구 모양의 모형으로 지구 표면의 바다와 육지, 산천 등을 그려 넣은 것입니다. 반지름이 12 cm인 지구의를 평면으로 잘랐을 때 생기는 면이 가장 넓도록 잘랐습니다. 이때 생긴 면의 넓이는 몇 cm^2인지 구해 보시오. (원주율: 3.1)

▲ 지구의

(   )

12 일이 너무 뜻밖이어서 기가 막히다라는 뜻으로 '어처구니없다' 또는 '어이없다'라고 말합니다. '어처구니'는 맷돌을 돌릴 때 쓰는 나무 손잡이로 어처구니가 있어야 맷돌의 기능을 할 수 있습니다. 진호는 원기둥을 사용하여 맷돌 모양의 입체도형을 만들어 보았습니다. 진호가 만든 입체도형을 옆에서 본 모양의 넓이는 몇 cm^2인지 구해 보시오.

▲ 맷돌

2 cm
30 cm
9 cm   8 cm
5 cm
33 cm

(   )

1 그림과 같이 원기둥의 한 밑면의 점 ㄱ에서 출발해 원기둥의 옆면을 가장 짧게 2바퀴 돌아서 점 ㄴ에 도착하도록 실을 감았습니다. 이때 실의 위치를 원기둥의 전개도에 그려 보시오.

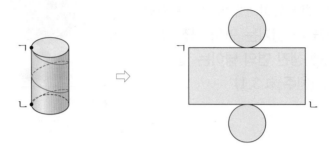

2 원뿔 모양의 고깔에 그림과 같이 빨간색 철사를 붙이려고 합니다. 필요한 철사의 길이는 몇 cm인지 구해 보시오. (단, 철사의 두께는 생각하지 않습니다.)

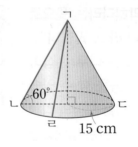

(   )

3 오른쪽 원기둥 모양의 롤러에 페인트를 묻힌 후 벽에 일직선으로 4바퀴 굴렸더니 페인트가 칠해진 부분의 넓이가 744 cm²였습니다. 이 롤러와 똑같은 원기둥의 전개도를 그렸을 때, 전개도의 둘레는 몇 cm인지 구해 보시오. (원주율: 3.1)

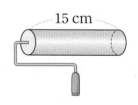

(   )

4 직육면체 모양의 나무토막에 그림과 같이 원기둥 모양으로 구멍을 뚫었습니다. 이 나무토막 전체를 기름통에 담갔다가 꺼냈을 때 기름이 묻은 부분의 넓이는 몇 cm²인지 구해 보시오. (원주율: 3.14)

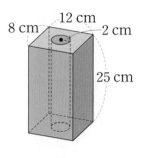

(   )

5 오른쪽 삼각형에서 ㉠과 ㉡의 길이의 비는 3 : 5입니다. 오른쪽 삼각형을 한 변을 기준으로 한 바퀴 돌려 만든 입체도형을 앞에서 본 모양의 넓이가 112 cm²일 때 ㉠과 ㉡의 길이는 각각 몇 cm인지 구해 보시오.

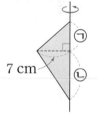

㉠ (   )
㉡ (   )

6 오른쪽 직각삼각형을 한 변을 기준으로 한 바퀴 돌려 만든 입체도형의 옆면의 넓이는 180 cm²입니다. 오른쪽 직각삼각형을 한 변을 기준으로 90° 돌려 만든 입체도형의 옆면의 넓이는 몇 cm²인지 구해 보시오.

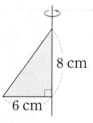

(   )

그림을 감상해 보세요.

김홍도, 「서당」, 18세기

개념+유형
최상위 탑

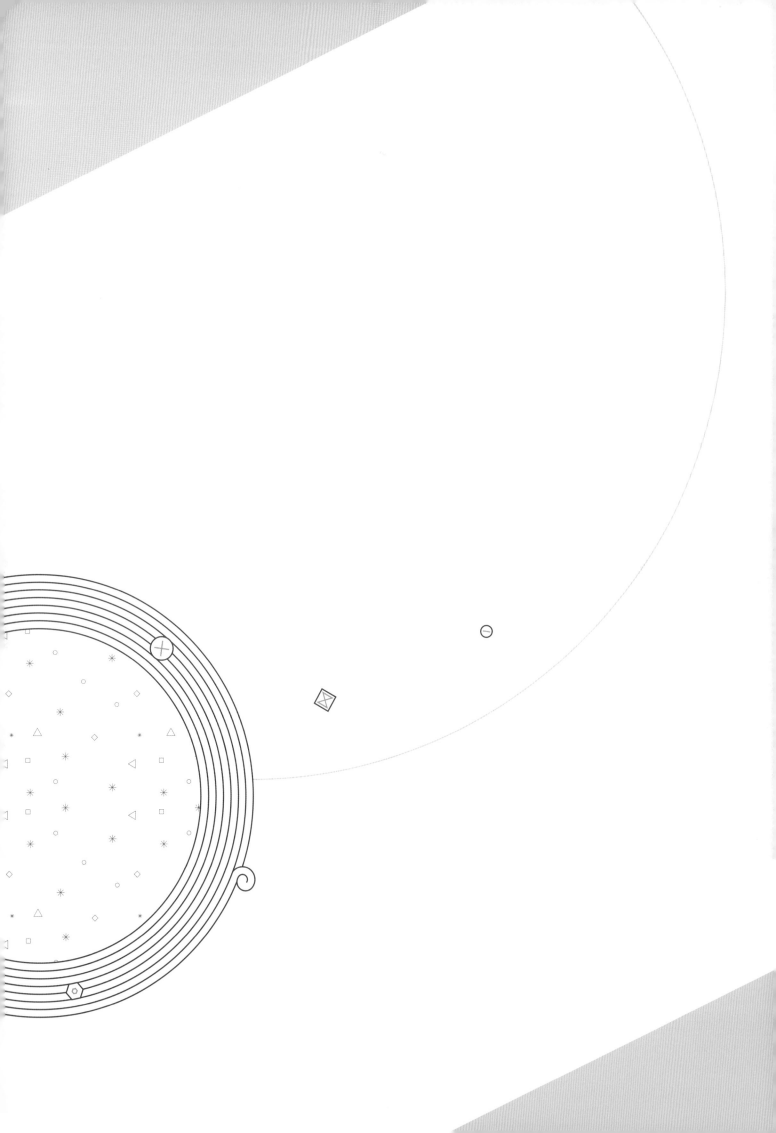

15개정 교육과정

개념+유형 **최상위탑**

정답과 풀이

초등 수학

6·2

ABOVE IMAGINATION

우리는 남다른 상상과 혁신으로
교육 문화의 새로운 전형을 만들어
모든 이의 행복한 경험과 성장에 기여한다

개념＋유형

최상위탑

정답과 풀이

6·2

빠른 정답

Top Book

❶ 분수의 나눗셈

7쪽	핵심 개념과 문제

1 $2\frac{1}{4}$ 　　**2** ㉡

3 6일　　**4** $\frac{8}{9} \div \frac{4}{9} = 2$, 2

5 4개　　**6** $\frac{7}{8} \div \frac{3}{8}$, $\frac{7}{9} \div \frac{3}{9}$

9쪽	핵심 개념과 문제

1 $\frac{9}{14}$, $3\frac{3}{14}$　　**2** ㉢

3 $1\frac{37}{40}$ kg　　**4** $3\frac{17}{21}$배

5 $1\frac{7}{20}$　　**6** 5번

10~17쪽	상위권 문제

유형 ❶ (1) $3\frac{3}{4}$ (2) $4\frac{11}{16}$

유제 **1** $1\frac{4}{45}$　　유제 **2** $1\frac{5}{27}$

유형 ❷ (1) 30명 (2) 18명

유제 **3** 7000원　　유제 **4** 5상자

유형 ❸ (1) $\frac{2}{3} \div \left(\frac{2}{3} + \frac{1}{4}\right)$ (2) $\frac{8}{11}$

유제 **5** $\frac{3}{5}$　　유제 **6** $1\frac{10}{37}$

유형 ❹ (1) $\square \times 2\frac{1}{3} \div 2 = 4\frac{13}{30}$ (2) $3\frac{4}{5}$ cm

유제 **7** $3\frac{1}{9}$ cm　　유제 **8** $3\frac{3}{7}$ cm

유형 ❺ (1) $6\frac{1}{2}$ m² (2) 78 m²

유제 **9** $26\frac{2}{3}$ m²　　유제 **10** $4\frac{4}{13}$ m²

유형 ❻ (1) 선우, $5\frac{3}{4}$ / 안호, $1\frac{2}{3}$ (2) $3\frac{9}{20}$

유제 **11** $\frac{55}{136}$　　유제 **12** $5\frac{19}{21}$

유형 ❼ (1) $\frac{1}{10}$, $\frac{1}{15}$ (2) $\frac{1}{6}$ (3) 6일

유제 **13** 8일　　유제 **14** 16일

유형 ❽ (1) 24 / 24, $\frac{7}{11}$ (2) 14시간 40분

유제 **15** 13시간 30분　　유제 **16** 13시간 12분

18~21쪽	상위권 문제 확인과 응용

1 $6\frac{8}{15}$　　**2** $\frac{3}{4}$

3 5, 7　　**4** $10\frac{2}{3}$ m²

5 4 m　　**6** 16분

7 6일　　**8** 15 cm

9 2시간　　**10** 309명

11 $2\frac{1}{25}$ m　　**12** 756 km

22~23쪽	최상위권 문제

1 6쌍　　**2** 4 m

3 458 g　　**4** $2\frac{1}{7}$배

5 $11\frac{3}{7}$　　**6** 84점

❷ 소수의 나눗셈

27쪽	핵심 개념과 문제

1 12　　**2** <

3 15병　　**4** 1.8배

5 $36.8 \div 0.8 = 46$　　**6** 5개

29쪽	핵심 개념과 문제

1 20, 8　　**2** 4도막

3
$$
\begin{array}{r}
3 \\
4\overline{)13.6} \\
\underline{12} \\
1.6
\end{array}
$$
/ 3 / 1.6　　**4** ㉣, ㉡, ㉠, ㉢

5 0.4분 뒤　　**6** 다

1 9개　　　　　　　　　**2** 51개
3 5개　　　　　　　　　**4** 7개
5 184 cm^2　　　　　　　**6** 31개

❹ 비례식과 비례배분

1 30 : 24, 5 : 4

2 $\dfrac{2}{15} : \dfrac{2}{5} = 8 : 24$ 또는 $8 : 24 = \dfrac{2}{15} : \dfrac{2}{5}$

3 가, 라　　　　　　　　**4** 예 15 : 13

5 **방법 1 |** 예 분수를 소수로 나타내면 $1\dfrac{3}{5}=1.6$이므로 소수

　로 나타낸 비 1.7 : 1.6의 전항과 후항에 10을 곱하면

　17 : 16이 됩니다.

　방법 2 | 예 소수를 분수로 나타내면 $1.7=\dfrac{17}{10}$ 이고,

　$1\dfrac{3}{5}=\dfrac{8}{5}$이므로 분수로 나타낸 비 $\dfrac{17}{10} : \dfrac{8}{5}$의 전항과 후

　항에 10을 곱하면 17 : 16이 됩니다.

6 44, 2, 8

1 ㉡　　　　　　　　　　**2** 16000원
3 ①　　　　　　　　　　**4** 28명
5 144묶음 / 156묶음　　　　**6** 36

유형 ❶ (1) 10, 15, 28　(2) 21 : 15
유제 1 40 : 28　　　　　**유제 2** 80
유형 ❷ (1) 예 15 : 24 = □ : 168　(2) 105분
　　　　(3) 1시간 45분
유제 3 2시간 30분　　　　**유제 4** 8 L
유형 ❸ (1) 예 24 : 18　(2) 15번
유제 5 24번　　　　　　**유제 6** 15개
유형 ❹ (1) $\dfrac{1}{3}$, $\dfrac{2}{5}$　(2) $\dfrac{1}{3}$　(3) 예 6 : 5
유제 7 예 12 : 7　　　　**유제 8** 40 cm^2

유형 ❺ (1) 예 2 : 3　(2) 65만 원
유제 9 52만 원　　　　　**유제 10** 720만 원
유형 ❻ (1) 32시간　(2) 8분　(3) 오후 4시 8분
유제 11 오후 1시 50분　　**유제 12** 오후 1시 12분
유형 ❼ (1) 3 / 6, 4　(2) 16 cm
유제 13 16 cm　　　　　**유제 14** 9 cm
유형 ❽ (1) 9 cm　(2) 4.5 km
유제 15 2.25 km　　　　**유제 16** 1.4 km

1 예 13 : 10　　　　　　**2** 18, 48
3 10000원　　　　　　　**4** 40번
5 36개　　　　　　　　**6** 324 cm^2
7 21 km　　　　　　　**8** 90 cm^2
9 960만 원　　　　　　**10** 4명
11 2분　　　　　　　　**12** 35 g

1 90 L　　　　　　　　**2** 184 m
3 1200원　　　　　　　**4** 8 m
5 35 cm　　　　　　　**6** 3시간 12분

❺ 원의 넓이

1 ㉢　　　　　　　　　　**2** 20 cm
3 3.14, 3.142　　　　　　**4** 27000 cm
5 30 cm　　　　　　　　**6** 민희

1 28.26 m^2　　　　　　**2** 예 189 cm^2
3 310 cm^2　　　　　　**4** ㉢, ㉡, ㉠
5 113.04 cm^2　　　　　**6** 37.2 cm^2

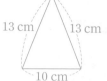
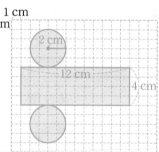
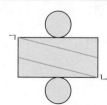

Review Book

❶ 분수의 나눗셈

2~3쪽 복습 상위권 문제

1 $6\frac{1}{8}$　　　　2 15명

3 $2\frac{1}{9}$　　　　4 $3\frac{1}{5}$ cm

5 96 m²　　　　6 $3\frac{19}{33}$

7 4일　　　　8 13시간 36분

4~7쪽 복습 상위권 문제 확인과 응용

1 $4\frac{1}{2}$　　　　2 $7\frac{19}{35}$

3 11, 13　　　　4 $11\frac{1}{4}$ m²

5 $13\frac{1}{2}$ m　　　　6 44분

7 20일　　　　8 $6\frac{2}{5}$ cm

9 3시간 30분　　　　10 217명

11 $\frac{4}{5}$ m　　　　12 625 km

8~9쪽 복습 최상위권 문제

1 10쌍　　　　2 $3\frac{1}{2}$ L

3 385 g　　　　4 $1\frac{7}{9}$배

5 $26\frac{1}{4}$　　　　6 72점

❷ 소수의 나눗셈

10~11쪽 복습 상위권 문제

1 0.5　　　　2 6.4 cm

3 3.7 kg　　　　4 2

5 3.04　　　　6 45분 후

7 6　　　　8 9통

12~15쪽 복습 상위권 문제 확인과 응용

1 0.57　　　　2 5.64 cm

3 374 / 2　　　　4 52그루

5 47880원　　　　6 0.145

7 150쪽　　　　8 0.8 kg

9 25 cm　　　　10 17장

11 1.5배　　　　12 10 ℃

16~17쪽 복습 최상위권 문제

1 90개　　　　2 1.23배

3 5분 48초　　　　4 6.25 cm

5 4시간　　　　6 0.11분

❸ 공간과 입체

18~19쪽 복습 상위권 문제

1 ㉣　　　　2 9개

3 가, 라　　　　4 13개

5 12개 / 10개　　　　6 3개

20~23쪽 복습 상위권 문제 확인과 응용

1 9개　　　　2 32개

3 6개

4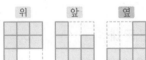

5 9가지　　　　6

7 3가지　　　　8 7가지

9 24개　　　　10 4개

11 ㉡, ㉤　　　　12 344 cm²

24~25쪽 복습 최상위권 문제

1 91개　　　　2 52개

3 5개　　　　4 8개

5 450 cm²　　　　6 32개

❹ 비례식과 비례배분

❺ 원의 넓이

❻ 원기둥, 원뿔, 구

 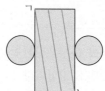

① 분수의 나눗셈

핵심 개념과 문제	7쪽

1 $2\frac{1}{4}$　　　　**2** ㉡

3 6일　　　　**4** $\frac{8}{9} \div \frac{4}{9} = 2$, 2

5 4개　　　　**6** $\frac{7}{8} \div \frac{3}{8}$, $\frac{7}{9} \div \frac{3}{9}$

1 가장 큰 수: $\frac{9}{11}$, 가장 작은 수: $\frac{4}{11}$

$\Rightarrow \frac{9}{11} \div \frac{4}{11} = 9 \div 4 = \frac{9}{4} = 2\frac{1}{4}$

2 ㉠ $\frac{7}{12} \div \frac{4}{9} = \frac{21}{36} \div \frac{16}{36} = 21 \div 16 = 1\frac{5}{16}$

㉡ $\frac{3}{4} \div \frac{5}{6} = \frac{9}{12} \div \frac{10}{12} = 9 \div 10 = \frac{9}{10}$

따라서 계산 결과가 1보다 작은 것은 ㉡ $\frac{9}{10}$ 입니다.

3 $\frac{9}{10} \div \frac{3}{20} = \frac{18}{20} \div \frac{3}{20} = 18 \div 3 = 6$(일)

4 $\frac{8}{9} \div \frac{4}{9} = 8 \div 4 = 2$

5 • $\frac{2}{5} \div \frac{1}{5} = 2 \div 1 = 2$

• $\frac{14}{15} \div \frac{3}{20} = \frac{56}{60} \div \frac{9}{60} = 56 \div 9 = \frac{56}{9} = 6\frac{2}{9}$

$\Rightarrow 2 < \square < 6\frac{2}{9}$이므로 $\square$ 안에 들어갈 수 있는 자연수는 3, 4, 5, 6으로 모두 4개입니다.

6 $7 \div 3$을 이용하여 계산할 수 있으므로 $\frac{7}{\square} \div \frac{3}{\square}$이고, 분모가 10보다 작은 진분수의 나눗셈이므로 분모는 7보다 크고 10보다 작은 수인 8, 9입니다.

따라서 두 분수의 분모는 같으므로 조건을 만족하는 분수의 나눗셈식은 $\frac{7}{8} \div \frac{3}{8}$, $\frac{7}{9} \div \frac{3}{9}$입니다.

핵심 개념과 문제	9쪽

1 $\frac{9}{14}$, $3\frac{3}{14}$　　　　**2** ㉢

3 $1\frac{37}{40}$ kg　　　　**4** $3\frac{17}{21}$배

5 $1\frac{7}{20}$　　　　**6** 5번

1 • $\frac{3}{7} \div \frac{2}{3} = \frac{3}{7} \times \frac{3}{2} = \frac{9}{14}$

• $\frac{9}{14} \div \frac{1}{5} = \frac{9}{14} \times 5 = \frac{45}{14} = 3\frac{3}{14}$

2 ㉠ $\frac{2}{7} \div \frac{1}{6} = \frac{2}{7} \times 6 = \frac{12}{7} = 1\frac{5}{7}$

㉡ $\frac{4}{9} \div \frac{3}{4} = \frac{4}{9} \times \frac{4}{3} = \frac{16}{27}$

㉢ $1 \div \frac{2}{5} = 1 \times \frac{5}{2} = \frac{5}{2} = 2\frac{1}{2}$

$\Rightarrow \underset{㉢}{2\frac{1}{2}} > \underset{㉠}{1\frac{5}{7}} > \underset{㉡}{\frac{16}{27}}$

3 (고무관 1 m의 무게)

$= 1\frac{2}{5} \div \frac{8}{11} = \frac{7}{5} \div \frac{8}{11}$

$= \frac{7}{5} \times \frac{11}{8} = \frac{77}{40} = 1\frac{37}{40}$(kg)

4 ㉠ $2 \div \frac{3}{4} = 2 \times \frac{4}{3} = \frac{8}{3} = 2\frac{2}{3}$

㉡ $\frac{1}{5} \div \frac{2}{7} = \frac{1}{5} \times \frac{7}{2} = \frac{7}{10}$

$\Rightarrow 2\frac{2}{3} \div \frac{7}{10} = \frac{8}{3} \div \frac{7}{10} = \frac{8}{3} \times \frac{10}{7}$

$= \frac{80}{21} = 3\frac{17}{21}$(배)

5 $\frac{1}{2} \div \frac{5}{9} = \frac{1}{2} \times \frac{9}{5} = \frac{9}{10}$이므로 $\square \times \frac{2}{3} = \frac{9}{10}$입니다.

$\Rightarrow \square = \frac{9}{10} \div \frac{2}{3} = \frac{9}{10} \times \frac{3}{2} = \frac{27}{20} = 1\frac{7}{20}$

6 채워야 하는 물의 양은 $5 - 1\frac{2}{3} = 3\frac{1}{3}$(L)입니다.

(채워야 하는 물의 양)÷(그릇의 들이)

$= 3\frac{1}{3} \div \frac{3}{4} = \frac{10}{3} \div \frac{3}{4} = \frac{10}{3} \times \frac{4}{3} = \frac{40}{9} = 4\frac{4}{9}$

$\Rightarrow$ 물통에 물을 가득 채우려면 그릇으로 물을 적어도 $4 + 1 = 5$(번) 부어야 합니다.

상위권 문제　　　　　　　10~17쪽

유형❶ (1) $3\dfrac{3}{4}$ (2) $4\dfrac{11}{16}$

유제 1 $1\dfrac{4}{45}$　　　　　유제 2 $1\dfrac{5}{27}$

유형❷ (1) 30명 (2) 18명

유제 3 7000원　　　　유제 4 풀이 참조, 5상자

유형❸ (1) $\dfrac{2}{3}\div\left(\dfrac{2}{3}+\dfrac{1}{4}\right)$ (2) $\dfrac{8}{11}$

유제 5 $\dfrac{3}{5}$　　　　　유제 6 $1\dfrac{10}{37}$

유형❹ (1) $\square\times2\dfrac{1}{3}\div2=4\dfrac{13}{30}$ (2) $3\dfrac{4}{5}$ cm

유제 7 $3\dfrac{1}{9}$ cm　　　유제 8 $3\dfrac{3}{7}$ cm

유형❺ (1) $6\dfrac{1}{2}$ m² (2) 78 m²

유제 9 $26\dfrac{2}{3}$ m²

유제 10 풀이 참조, $4\dfrac{4}{13}$ m²

유형❻ (1) 선우, $5\dfrac{3}{4}$ / 안호, $1\dfrac{2}{3}$ (2) $3\dfrac{9}{20}$

유제 11 $\dfrac{55}{136}$　　　유제 12 $5\dfrac{19}{21}$

유형❼ (1) $\dfrac{1}{10}$, $\dfrac{1}{15}$ (2) $\dfrac{1}{6}$ (3) 6일

유제 13 8일　　　　유제 14 16일

유형❽ (1) 24 / 24, $\dfrac{7}{11}$ (2) 14시간 40분

유제 15 13시간 30분　　유제 16 13시간 12분

유형❶ (1) 어떤 수를 □라 하면 $\square\times\dfrac{4}{5}=3$,

$\square=3\div\dfrac{4}{5}=3\times\dfrac{5}{4}=\dfrac{15}{4}=3\dfrac{3}{4}$입니다.

(2) 어떤 수는 $3\dfrac{3}{4}$이므로 바르게 계산한 값은

$3\dfrac{3}{4}\div\dfrac{4}{5}=\dfrac{15}{4}\times\dfrac{5}{4}=4\dfrac{11}{16}$입니다.

유제 1 어떤 수를 □라 하면 $\square\times\dfrac{3}{7}=\dfrac{1}{5}$,

$\square=\dfrac{1}{5}\div\dfrac{3}{7}=\dfrac{1}{5}\times\dfrac{7}{3}=\dfrac{7}{15}$입니다.

따라서 바르게 계산한 값은

$\dfrac{7}{15}\div\dfrac{3}{7}=\dfrac{7}{15}\times\dfrac{7}{3}=\dfrac{49}{45}=1\dfrac{4}{45}$입니다.

유제 2 어떤 수를 □라 하면 $\dfrac{2}{3}\times\square=\dfrac{3}{8}$,

$\square=\dfrac{3}{8}\div\dfrac{2}{3}=\dfrac{3}{8}\times\dfrac{3}{2}=\dfrac{9}{16}$입니다.

따라서 바르게 계산한 값은

$\dfrac{2}{3}\div\dfrac{9}{16}=\dfrac{2}{3}\times\dfrac{16}{9}=\dfrac{32}{27}=1\dfrac{5}{27}$입니다.

유형❷ (1) 우영이네 반 전체 학생 수를 □명이라 하면

$\square\times\dfrac{2}{5}=12$,

$\square=12\div\dfrac{2}{5}=\overset{6}{12}\times\dfrac{5}{\underset{1}{2}}=30$입니다.

(2) (여학생 수)

= (우영이네 반 전체 학생 수) − (남학생 수)

= 30 − 12 = 18(명)

유제 3 현지가 처음에 가지던 돈을 □원이라 하면

$\square\times\dfrac{4}{9}=5600$,

$\square=5600\div\dfrac{4}{9}=\overset{1400}{5600}\times\dfrac{9}{\underset{1}{4}}=12600$입니다.

⇨ (저금하고 남은 돈)

= 12600 − 5600 = 7000(원)

유제 4 예 어머니께서 만드신 도넛의 수를 □개라 하면

$\square\times\dfrac{2}{7}=10$,

$\square=10\div\dfrac{2}{7}=\overset{5}{10}\times\dfrac{7}{\underset{1}{2}}=35$입니다.」❶

탄 도넛을 제외하고 남은 도넛은

35 − 10 = 25(개)이므로 도넛을 담은 상자는

25 ÷ 5 = 5(상자)입니다.」❷

채점 기준
❶ 어머니께서 만드신 도넛의 수 구하기
❷ 도넛을 담은 상자의 수 구하기

유형❸ (1) $\dfrac{2}{3}\bigstar\dfrac{1}{4}$에서 가$=\dfrac{2}{3}$, 나$=\dfrac{1}{4}$입니다.

⇨ $\dfrac{2}{3}\bigstar\dfrac{1}{4}=\dfrac{2}{3}\div\left(\dfrac{2}{3}+\dfrac{1}{4}\right)$

(2) $\dfrac{2}{3}\bigstar\dfrac{1}{4}=\dfrac{2}{3}\div\left(\dfrac{2}{3}+\dfrac{1}{4}\right)$

$=\dfrac{2}{3}\div\dfrac{11}{12}=\dfrac{2}{3}\times\dfrac{\overset{4}{12}}{11}=\dfrac{8}{11}$

유제 **5** $\dfrac{3}{8} \vee \dfrac{15}{16} = \left(\dfrac{15}{16} - \dfrac{3}{8}\right) \div \dfrac{15}{16} = \dfrac{9}{16} \div \dfrac{15}{16}$

$= 9 \div 15 = \dfrac{\overset{3}{\cancel{9}}}{\underset{5}{\cancel{15}}} = \dfrac{3}{5}$

유제 **6** $\dfrac{1}{3} \circledcirc \dfrac{1}{4} = \left(\dfrac{1}{3} + \dfrac{1}{4}\right) \div \left(\dfrac{1}{3} - \dfrac{1}{4}\right)$

$= \dfrac{7}{12} \div \dfrac{1}{12} = 7 \div 1 = 7$

$\Rightarrow \left(\dfrac{1}{3} \circledcirc \dfrac{1}{4}\right) \circledcirc \dfrac{5}{6}$

$= 7 \circledcirc \dfrac{5}{6} = \left(7 + \dfrac{5}{6}\right) \div \left(7 - \dfrac{5}{6}\right)$

$= 7\dfrac{5}{6} \div 6\dfrac{1}{6} = \dfrac{47}{6} \div \dfrac{37}{6}$

$= 47 \div 37 = \dfrac{47}{37} = 1\dfrac{10}{37}$

유형 **4** (2) 삼각형의 밑변의 길이를 $\square$ cm라 하면

$\square \times 2\dfrac{1}{3} \div 2 = 4\dfrac{13}{30}$ 이므로

$\square = 4\dfrac{13}{30} \times 2 \div 2\dfrac{1}{3} = \dfrac{133}{\underset{15}{\cancel{30}}} \times \overset{1}{\cancel{2}} \div \dfrac{7}{3}$

$= \dfrac{\overset{19}{\cancel{133}}}{\underset{5}{\cancel{15}}} \times \dfrac{\overset{1}{\cancel{3}}}{\underset{1}{\cancel{7}}} = \dfrac{19}{5} = 3\dfrac{4}{5}$ 입니다.

유제 **7** 마름모의 다른 대각선의 길이를 $\square$ cm라 하면

$6\dfrac{2}{5} \times \square \div 2 = 9\dfrac{43}{45}$ 입니다.

$\Rightarrow \square = 9\dfrac{43}{45} \times 2 \div 6\dfrac{2}{5} = \dfrac{448}{45} \times 2 \div \dfrac{32}{5}$

$= \dfrac{\overset{28}{\cancel{896}}}{\underset{9}{\cancel{45}}} \times \dfrac{\overset{1}{\cancel{5}}}{\underset{1}{\cancel{32}}} = \dfrac{28}{9} = 3\dfrac{1}{9}$

유제 **8** 사다리꼴의 높이를 $\square$ cm라 하면

$\left(1\dfrac{3}{4} + 4\dfrac{1}{3}\right) \times \square \div 2 = 10\dfrac{3}{7}$,

$6\dfrac{1}{12} \times \square \div 2 = 10\dfrac{3}{7}$ 입니다.

$\Rightarrow \square = 10\dfrac{3}{7} \times 2 \div 6\dfrac{1}{12}$

$= \dfrac{73}{7} \times 2 \div \dfrac{73}{12}$

$= \dfrac{\overset{2}{\cancel{146}}}{7} \times \dfrac{12}{\underset{1}{\cancel{73}}} = \dfrac{24}{7} = 3\dfrac{3}{7}$

유형 **5** (1) (1 L의 페인트로 칠할 수 있는 벽의 넓이)

$= \dfrac{13}{5} \div \dfrac{2}{5} = 13 \div 2 = \dfrac{13}{2} = 6\dfrac{1}{2} (\text{m}^2)$

(2) (12 L의 페인트로 칠할 수 있는 벽의 넓이)

$= 6\dfrac{1}{2} \times 12 = \dfrac{13}{\underset{1}{\cancel{2}}} \times \overset{6}{\cancel{12}} = 78 (\text{m}^2)$

유제 **9** (1 L의 페인트로 칠할 수 있는 벽의 넓이)

$= 2 \div \dfrac{3}{4} = 2 \times \dfrac{4}{3} = \dfrac{8}{3} = 2\dfrac{2}{3} (\text{m}^2)$

$\Rightarrow$ (10 L의 페인트로 칠할 수 있는 벽의 넓이)

$= 2\dfrac{2}{3} \times 10 = \dfrac{8}{3} \times 10 = \dfrac{80}{3} = 26\dfrac{2}{3} (\text{m}^2)$

유제 **10** 예 $9\dfrac{3}{4}$ L의 페인트로 칠한 담장의 넓이는

$6 \times 3\dfrac{1}{2} = \overset{3}{\cancel{6}} \times \dfrac{7}{\underset{1}{\cancel{2}}} = 21 (\text{m}^2)$ 입니다. ❶

1 L의 페인트로 칠한 담장의 넓이는

$21 \div 9\dfrac{3}{4} = 21 \div \dfrac{39}{4} = \overset{7}{\cancel{21}} \times \dfrac{4}{\underset{13}{\cancel{39}}}$

$= \dfrac{28}{13} = 2\dfrac{2}{13} (\text{m}^2)$ 입니다. ❷

따라서 2 L의 페인트로 칠한 담장의 넓이는

$2\dfrac{2}{13} \times 2 = \dfrac{28}{13} \times 2$

$= \dfrac{56}{13} = 4\dfrac{4}{13} (\text{m}^2)$ 입니다. ❸

채점 기준	
❶ $9\dfrac{3}{4}$ L의 페인트로 칠한 담장의 넓이 구하기	
❷ 1 L의 페인트로 칠한 담장의 넓이 구하기	
❸ 2 L의 페인트로 칠한 담장의 넓이 구하기	

유형 **6** (1) 선우의 수가 안호의 수보다 크므로 선우는 가장 큰 대분수를, 안호는 가장 작은 대분수를 만들어야 합니다.

선우가 만든 가장 큰 대분수는 $5\dfrac{3}{4}$ 이고

안호가 만든 가장 작은 대분수는 $1\dfrac{2}{3}$ 입니다.

(2) (선우가 만든 가장 큰 대분수)

÷ (안호가 만든 가장 작은 대분수)

$= 5\dfrac{3}{4} \div 1\dfrac{2}{3} = \dfrac{23}{4} \div \dfrac{5}{3}$

$= \dfrac{23}{4} \times \dfrac{3}{5} = \dfrac{69}{20} = 3\dfrac{9}{20}$

유제 11 은채의 수가 소미의 수보다 크므로 은채는 가장 큰 대분수를, 소미는 가장 작은 대분수를 만들어야 합니다.

⇨ (소미가 만든 가장 작은 대분수)
÷(은채가 만든 가장 큰 대분수)

$$=2\frac{3}{4}\div6\frac{4}{5}=\frac{11}{4}\div\frac{34}{5}$$
$$=\frac{11}{4}\times\frac{5}{34}=\frac{55}{136}$$

유제 12 세주의 수가 민호의 수보다 크므로 세주는 가장 큰 대분수를, 민호는 가장 작은 대분수를 만들어야 합니다.

⇨ (세주가 만든 가장 큰 대분수)
÷(민호가 만든 가장 작은 대분수)

$$=8\frac{6}{7}\div1\frac{2}{4}=\frac{62}{7}\div\frac{6}{4}=\frac{62}{7}\times\frac{4}{6}$$
$$=\frac{124}{21}=5\frac{19}{21}$$

유형 7 (1) (민서가 하루 동안 할 수 있는 일의 양)
$$=\frac{1}{2}\div5=\frac{1}{2}\times\frac{1}{5}=\frac{1}{10},$$
(찬오가 하루 동안 할 수 있는 일의 양)
$$=\frac{1}{5}\div3=\frac{1}{5}\times\frac{1}{3}=\frac{1}{15}$$
(2) (두 사람이 함께 하루 동안 할 수 있는 일의 양)
$$=\frac{1}{10}+\frac{1}{15}=\frac{1}{6}$$
(3) 두 사람이 함께 이 일을 하여 모두 마치려면
$$1\div\frac{1}{6}=1\times6=6(일)이 걸립니다.$$

유제 13 전체 일의 양을 1이라 하면
(규호가 하루 동안 할 수 있는 일의 양)
$$=\frac{1}{4}\div6=\frac{1}{4}\times\frac{1}{6}=\frac{1}{24},$$
(민아가 하루 동안 할 수 있는 일의 양)
$$=\frac{1}{3}\div4=\frac{1}{3}\times\frac{1}{4}=\frac{1}{12}입니다.$$
(두 사람이 함께 하루 동안 할 수 있는 일의 양)
$$=\frac{1}{24}+\frac{1}{12}=\frac{1}{8}$$
따라서 두 사람이 함께 이 일을 하여 모두 마치려면 $1\div\frac{1}{8}=1\times8=8(일)이 걸립니다.$

유제 14 전체 일의 양을 1이라 하면
(샛별이가 하루 동안 할 수 있는 일의 양)
$$=\frac{7}{9}\div14=\frac{7}{9}\times\frac{1}{14}=\frac{1}{18},$$
(지훈이가 하루 동안 할 수 있는 일의 양)
$$=\frac{5}{12}\div10=\frac{5}{12}\times\frac{1}{10}=\frac{1}{24}입니다.$$
(샛별이가 6일 동안 할 수 있는 일의 양)
$$=\frac{1}{18}\times6=\frac{1}{3}이므로 지훈이가 해야 할 나머지$$
일의 양은 전체의 $1-\frac{1}{3}=\frac{2}{3}$입니다.
따라서 지훈이는 $\frac{2}{3}\div\frac{1}{24}=\frac{2}{3}\times24=16(일)$
동안 일해야 합니다.

유형 8 (1) 낮의 길이를 ■시간이라 하면 하루는 24시간이므로 밤의 길이는 (24−■)시간입니다.
(2) $24-■=■\times\frac{7}{11}$에서 $24=■\times\frac{7}{11}+■,$
$$24=■\times1\frac{7}{11},$$
$$■=24\div1\frac{7}{11}=24\times\frac{11}{18}=14\frac{2}{3}입니다.$$
$14\frac{2}{3}=14\frac{40}{60}$이므로 낮의 길이는
14시간 40분입니다.

유제 15 밤의 길이를 □시간이라 하면 하루는 24시간이므로 낮의 길이는 (24−□)시간입니다.
낮의 길이는 밤의 길이의 $\frac{7}{9}$이므로
$$24-□=□\times\frac{7}{9}, 24=□\times\frac{7}{9}+□,$$
$$24=□\times1\frac{7}{9},$$
$$□=24\div1\frac{7}{9}=24\div\frac{16}{9}=24\times\frac{9}{16}=13\frac{1}{2}$$
입니다.
$13\frac{1}{2}=13\frac{30}{60}$이므로 밤의 길이는 13시간 30분입니다.

유제 16 낮의 길이를 $\square$시간이라 하면 하루는 24시간이므로 밤의 길이는 $(24-\square)$시간입니다.

밤의 길이는 낮의 길이의 $\dfrac{9}{11}$이므로

$24-\square=\square\times\dfrac{9}{11}$, $24=\square\times\dfrac{9}{11}+\square$,

$24=\square\times1\dfrac{9}{11}$,

$\square=24\div1\dfrac{9}{11}=24\div\dfrac{20}{11}$

$=\overset{6}{24}\times\dfrac{11}{\underset{5}{20}}=\dfrac{66}{5}=13\dfrac{1}{5}$ 입니다.

$13\dfrac{1}{5}=13\dfrac{12}{60}$이므로 낮의 길이는 13시간 12분입니다.

상위권 문제 확인과 응용   18~21쪽

1 $6\dfrac{8}{15}$ **2** $\dfrac{3}{4}$

3 5, 7   **4** $10\dfrac{2}{3}$ m²

5 4 m   **6** 풀이 참조, 16분

7 6일   **8** 15 cm

9 풀이 참조, 2시간   **10** 309명

11 $2\dfrac{1}{25}$ m   **12** 756 km

---

1 어떤 수를 $\square$라 하면 $\dfrac{5}{14}\div\square=\dfrac{5}{9}$,

$\square=\dfrac{5}{14}\div\dfrac{5}{9}=\dfrac{\overset{1}{5}}{14}\times\dfrac{9}{\underset{1}{5}}=\dfrac{9}{14}$ 입니다.

$\Rightarrow 4\dfrac{1}{5}\div\dfrac{9}{14}=\dfrac{21}{5}\div\dfrac{9}{14}$

$=\dfrac{\overset{7}{21}}{5}\times\dfrac{14}{\underset{3}{9}}=\dfrac{98}{15}=6\dfrac{8}{15}$

2 $\begin{bmatrix} 2\dfrac{1}{7} & 1\dfrac{2}{7} \\[2mm] \dfrac{2}{3} & \dfrac{4}{5} \end{bmatrix}$

$=2\dfrac{1}{7}\div\dfrac{4}{5}-1\dfrac{2}{7}\div\dfrac{2}{3}=\dfrac{15}{7}\div\dfrac{4}{5}-\dfrac{9}{7}\div\dfrac{2}{3}$

$=\dfrac{15}{7}\times\dfrac{5}{4}-\dfrac{9}{7}\times\dfrac{3}{2}=\dfrac{75}{28}-\dfrac{27}{14}=\dfrac{\overset{3}{21}}{\underset{4}{28}}=\dfrac{3}{4}$

3 $\dfrac{2}{5}\div\dfrac{9}{5}=2\div9=\dfrac{2}{9}$,

$1\dfrac{5}{18}\div2\dfrac{1}{11}=\dfrac{23}{18}\div\dfrac{23}{11}=\dfrac{\overset{1}{23}}{18}\times\dfrac{11}{\underset{1}{23}}=\dfrac{11}{18}$

$\dfrac{2}{9}<\dfrac{\square}{12}<\dfrac{11}{18}$이므로 $\dfrac{8}{36}<\dfrac{\square\times3}{36}<\dfrac{22}{36}$ 입니다. $8<\square\times3<22$에서 $\square$ 안에 들어갈 수 있는 자연수는 3, 4, 5, 6, 7이므로 $\dfrac{\square}{12}$가 될 수 있는 분수는 $\dfrac{3}{12}$, $\dfrac{4}{12}$, $\dfrac{5}{12}$, $\dfrac{6}{12}$, $\dfrac{7}{12}$입니다. 이 중에서 기약분수는 $\dfrac{5}{12}$, $\dfrac{7}{12}$이므로 $\square$ 안에 들어갈 수 있는 자연수는 5, 7입니다.

4 · (1통에 담은 페인트의 양)$=3\dfrac{3}{4}\div5=\dfrac{3}{4}$(L)

· (1 L의 페인트로 칠할 수 있는 벽의 넓이)

$=4\div\dfrac{3}{4}=4\times\dfrac{4}{3}=\dfrac{16}{3}=5\dfrac{1}{3}$(m²)

$\Rightarrow$ (2 L의 페인트로 칠할 수 있는 벽의 넓이)

$=5\dfrac{1}{3}\times2=\dfrac{16}{3}\times2=\dfrac{32}{3}=10\dfrac{2}{3}$(m²)

5 처음 공을 떨어뜨린 높이를 $\square$ m라 하면

(첫 번째로 튀어 오른 높이)$=\left(\square\times\dfrac{5}{6}\right)$ m,

(두 번째로 튀어 오른 높이)$=\left(\square\times\dfrac{5}{6}\times\dfrac{5}{6}\right)$ m이므로 $\square\times\dfrac{5}{6}\times\dfrac{5}{6}=2\dfrac{7}{9}$, $\square\times\dfrac{25}{36}=2\dfrac{7}{9}$입니다.

$\Rightarrow\square=2\dfrac{7}{9}\div\dfrac{25}{36}=\dfrac{25}{9}\div\dfrac{25}{36}=\dfrac{\overset{1}{25}}{\underset{1}{9}}\times\dfrac{\overset{4}{36}}{\underset{1}{25}}=4$

6 ⓐ 전체 철사의 길이를 한 도막의 길이로 나누면 나누어진 철사 도막은

$21\dfrac{6}{7}\div2\dfrac{3}{7}=\dfrac{153}{7}\div\dfrac{17}{7}=153\div17=9$(도막)이 됩니다.」❶

철사를 자르는 횟수는 나누어진 철사 도막의 수보다 1만큼 작으므로 $9-1=8$(번)입니다.」❷

따라서 철사를 모두 자르는 데 걸리는 시간은 $2\times8=16$(분)입니다.」❸

채점 기준	
❶ 나누어진 철사 도막의 수 구하기	
❷ 철사를 자르는 횟수 구하기	
❸ 철사를 모두 자르는 데 걸리는 시간 구하기	

7 전체 일의 양을 1이라 하면

(수지가 하루 동안 할 수 있는 일의 양)

$=1 \div 3 = \dfrac{1}{3}$,

(수지와 형주가 함께 할 때 하루 동안 할 수 있는 일의 양)

$=1 \div 2 = \dfrac{1}{2}$이므로

(형주가 하루 동안 할 수 있는 일의 양)

$=\dfrac{1}{2} - \dfrac{1}{3} = \dfrac{1}{6}$입니다.

따라서 이 일을 형주 혼자서 하면

$1 \div \dfrac{1}{6} = 6$(일)이 걸립니다.

8 (직사각형 ㄱㄴㄷㄹ의 넓이)

$=20 \times 6\dfrac{3}{5} = \overset{4}{20} \times \dfrac{33}{\underset{1}{5}} = 132(\text{cm}^2)$이므로

(삼각형 ㄹㅁㄷ의 넓이)

$=\overset{33}{132} \times \dfrac{3}{\underset{2}{8}} = \dfrac{99}{2} = 49\dfrac{1}{2}(\text{cm}^2)$입니다.

선분 ㅁㄷ의 길이를 □ cm라 하면

$\square \times 6\dfrac{3}{5} \div 2 = 49\dfrac{1}{2}$입니다.

$\Rightarrow \square = 49\dfrac{1}{2} \times 2 \div 6\dfrac{3}{5}$

$= \dfrac{99}{\underset{1}{2}} \times \overset{1}{2} \div \dfrac{33}{5} = 99 \div \dfrac{33}{5}$

$= \overset{3}{99} \times \dfrac{5}{\underset{1}{33}} = 15$

9 (예) $1\dfrac{3}{5}$시간 동안 탄 양초의 길이는

$15 - 8\dfrac{1}{3} = 6\dfrac{2}{3}(\text{cm})$입니다. ❶

한 시간 동안 탄 양초의 길이는

$6\dfrac{2}{3} \div 1\dfrac{3}{5} = \dfrac{20}{3} \div \dfrac{8}{5} = \dfrac{20}{3} \times \dfrac{5}{\underset{2}{8}}$

$= \dfrac{25}{6} = 4\dfrac{1}{6}(\text{cm})$입니다. ❷

따라서 남은 양초가 모두 타는 데 걸리는 시간은

$8\dfrac{1}{3} \div 4\dfrac{1}{6} = \dfrac{25}{3} \div \dfrac{25}{6} = \dfrac{25}{\underset{1}{3}} \times \dfrac{\overset{2}{6}}{\underset{1}{25}} = 2$(시간)입니다. ❸

채점 기준

❶ $1\dfrac{3}{5}$시간 동안 탄 양초의 길이 구하기

❷ 한 시간 동안 탄 양초의 길이 구하기

❸ 남은 양초가 모두 타는 데 걸리는 시간 구하기

10 (줄어든 전체 학생 수)=(줄어든 남학생 수)

$=584 - 562 = 22$(명)

작년 남학생 수를 □명이라 하면 $\square \times \dfrac{2}{25} = 22$,

$\square = 22 \div \dfrac{2}{25} = \overset{11}{22} \times \dfrac{25}{\underset{1}{2}} = 275$입니다.

따라서 올해 여학생 수는 작년 여학생 수와 같으므로

$584 - 275 = 309$(명)입니다.

11 (상반신의 길이)=(밀로의 비너스의 높이)$\times \dfrac{5}{13}$

$\Rightarrow$ (밀로의 비너스의 높이)

$=$(상반신의 길이)$\div \dfrac{5}{13}$

$= \dfrac{51}{65} \div \dfrac{5}{13} = \dfrac{51}{\underset{5}{65}} \times \dfrac{\overset{1}{13}}{5} = \dfrac{51}{25} = 2\dfrac{1}{25}(\text{m})$

12 $\left(\text{KTX가 } 2\dfrac{3}{5}\text{분 동안 달린 거리}\right)$

$= 10\dfrac{133}{250} + \dfrac{97}{250} = 10\dfrac{23}{25}(\text{km})$

(KTX가 1분 동안 달린 거리)

$= 10\dfrac{23}{25} \div 2\dfrac{3}{5} = \dfrac{273}{25} \div \dfrac{13}{5}$

$= \dfrac{\overset{21}{273}}{\underset{5}{25}} \times \dfrac{\overset{1}{5}}{\underset{1}{13}} = \dfrac{21}{5} = 4\dfrac{1}{5}(\text{km})$

$\Rightarrow$ 3시간은 180분이므로 KTX가 3시간 동안 달릴 수 있는 거리는

$4\dfrac{1}{5} \times 180 = \dfrac{21}{\underset{1}{5}} \times \overset{36}{180} = 756(\text{km})$입니다.

최상위권 문제 　　　　**22~23쪽**

1 6쌍	**2** 4 m
3 458 g	**4** $2\dfrac{1}{7}$배
5 $11\dfrac{3}{7}$	**6** 84점

1 $4 \div \dfrac{\blacktriangle}{7} = 4 \times \dfrac{7}{\blacktriangle} = \dfrac{28}{\blacktriangle} = \blacksquare$ 이므로 ▨가 자연수이려면 ▲는 28의 약수이어야 합니다.

따라서 조건에 알맞은 (▲, ▨)는 (1, 28), (2, 14), (4, 7), (7, 4), (14, 2), (28, 1)이므로 모두 6쌍입니다.

2 지호가 처음에 가지고 있던 색 테이프의 길이를 □ m라 하면

$\square \times \left(1 - \dfrac{1}{2}\right) \times \left(1 - \dfrac{2}{5}\right) \times \left(1 - \dfrac{1}{3}\right) = \dfrac{4}{5}$ 입니다.

$\Rightarrow \square \times \dfrac{1}{2} \times \dfrac{3}{5} \times \dfrac{2}{3} = \dfrac{4}{5}$,

$\square \times \dfrac{1}{5} = \dfrac{4}{5}$, $\square = \dfrac{4}{5} \div \dfrac{1}{5} = 4 \div 1 = 4$

3 비법 PLUS 마신 물의 양이 병 전체의 얼마인지 구하고, 마신 물의 양을 이용하여 병에 물을 가득 채웠을 때의 물의 양을 구합니다.

(마신 물의 양)$=710-530=180$(g)이고,

마신 물의 양은 병 전체의 $\dfrac{3}{5} \times \dfrac{5}{7} = \dfrac{3}{7}$ 입니다.

병에 물을 가득 채웠을 때 물의 양을 □ g이라 하면

$\square \times \dfrac{3}{7} = 180$,

$\square = 180 \div \dfrac{3}{7} = 180 \times \dfrac{7}{3} = 420$입니다.

$\left(\text{병 전체의 } \dfrac{3}{5} \text{만큼 넣은 물의 양}\right)$

$= 420 \times \dfrac{3}{5} = 252$(g)

$\Rightarrow$ (빈 병의 무게)$=710-252=458$(g)

4 비법 PLUS ▨의 넓이는 ▲의 넓이의 ★배 $\Rightarrow$ (▨의 넓이)$=$(▲의 넓이)$\times$★

(㉠의 넓이)$=$(원 나의 넓이)$\times \dfrac{1}{5}$,

(㉡의 넓이)$=$(원 다의 넓이)$\times \dfrac{3}{7}$이고,

㉠과 ㉡의 넓이가 같으므로

(원 나의 넓이)$\times \dfrac{1}{5} =$(원 다의 넓이)$\times \dfrac{3}{7}$ 입니다.

$\Rightarrow$ (원 나의 넓이)$=$(원 다의 넓이)$\times \dfrac{3}{7} \div \dfrac{1}{5}$

$\qquad =$(원 다의 넓이)$\times \dfrac{3}{7} \times 5$

$\qquad =$(원 다의 넓이)$\times \dfrac{15}{7}$

$\qquad =$(원 다의 넓이)$\times 2\dfrac{1}{7}$

따라서 원 나의 넓이는 원 다의 넓이의 $2\dfrac{1}{7}$배입니다.

5 비법 PLUS 구하는 분수를 $\dfrac{\blacktriangle}{\blacksquare}$라 하면 ▨는 가장 큰 수가, ▲는 가장 작은 수가 되어야 합니다.

구하는 분수를 $\dfrac{\blacktriangle}{\blacksquare}$라 하면 $\dfrac{\blacktriangle}{\blacksquare} \div 2\dfrac{2}{7}$와 $\dfrac{\blacktriangle}{\blacksquare} \div \dfrac{5}{14}$의 몫이 각각 자연수가 되어야 합니다.

$\dfrac{\blacktriangle}{\blacksquare} \div 2\dfrac{2}{7} = \dfrac{\blacktriangle}{\blacksquare} \div \dfrac{16}{7} = \dfrac{\blacktriangle}{\blacksquare} \times \dfrac{7}{16}$,

$\dfrac{\blacktriangle}{\blacksquare} \div \dfrac{5}{14} = \dfrac{\blacktriangle}{\blacksquare} \times \dfrac{14}{5}$이므로

$\dfrac{\blacktriangle}{\blacksquare} \times \dfrac{7}{16}$과 $\dfrac{\blacktriangle}{\blacksquare} \times \dfrac{14}{5}$가 각각 자연수가 되면서 $\dfrac{\blacktriangle}{\blacksquare}$는 가장 작은 분수가 되어야 합니다.

$\Rightarrow$ ▲는 16과 5의 최소공배수이고, ▨는 7과 14의 최대공약수이므로 ▲$=80$, ▨$=7$입니다.

따라서 $\dfrac{\blacktriangle}{\blacksquare} = \dfrac{80}{7} = 11\dfrac{3}{7}$입니다.

6 비법 PLUS (평균)$=$(자료의 값을 모두 더한 수)$\div$(자료의 수)

수학 점수를 □점이라 하면

(국어 점수)$=\left(\square \times \dfrac{6}{7}\right)$점이고,

(과학 점수)$=\left(\square \times \dfrac{6}{7} \times 1\dfrac{1}{4}\right)$점

$\qquad =\left(\square \times 1\dfrac{1}{14}\right)$점입니다.

$\Rightarrow \left(\square + \square \times \dfrac{6}{7} + \square \times 1\dfrac{1}{14}\right) \div 3 = 82$,

$\left(\square \times 2\dfrac{13}{14}\right) \div 3 = 82$, $\square \times 2\dfrac{13}{14} = 246$,

$\square = 246 \div 2\dfrac{13}{14} = 246 \times \dfrac{14}{41} = 84$

② 소수의 나눗셈

1 12　　　　**2** <
3 15병　　　**4** 1.8배
5 36.8÷0.8=46　**6** 5개

1 7.2>5.2>1.3>0.6
⇨ 7.2÷0.6=72÷6=12

2 ·19.18÷2.74=1918÷274=7
·8.76÷1.2=876÷120=7.3
⇨ 7<7.3

3 18.75÷1.25=1875÷125=15이므로 주스를 한 병에 1.25 L씩 담는다면 병은 15병 필요합니다.

4 (집에서 공원까지의 거리)÷(집에서 학교까지의 거리)
=13.68÷7.6=136.8÷76=1.8(배)

5 368과 8을 각각 $\frac{1}{10}$배 하면 36.8과 0.8이 됩니다.
⇨ 36.8÷0.8=46

6 ·9.8÷3.5=98÷35=2.8
·38.48÷5.2=3848÷520=7.4
따라서 2.8<□<7.4이므로 □ 안에 들어갈 수 있는 자연수는 3, 4, 5, 6, 7로 모두 5개입니다.

1 20, 8　　　　**2** 4도막
3 3 / 3 / 1.6
　4)13.6
　　12
　　1.6
4 ㉣, ㉡, ㉠, ㉢
5 0.4분 뒤　　　**6** 다

1 3÷0.15=300÷15=20,
20÷2.5=200÷25=8

2 (색 테이프의 길이)÷(자르는 한 도막의 길이)
=11÷2.75=1100÷275=4(도막)

3 사람 수는 소수가 아닌 자연수이므로 몫을 자연수까지만 구해야 합니다.

4 ㉠ 36÷2.4=15　㉡ 49÷3.5=14
㉢ 28÷1.75=16　㉣ 51÷4.25=12
⇨ ㉣<㉡<㉠<㉢

5 8÷21=0.38……
몫의 소수 둘째 자리 숫자가 8이므로 올림합니다.
따라서 번개가 친 지 0.4분 뒤에 천둥소리를 들을 수 있습니다.

6 1 kg당 아이스크림의 가격을 반올림하여 자연수로 나타냅니다.
·가: 3000÷0.3=10000(원)
·나: 6000÷0.65=9230.7…… ⇨ 9231원
·다: 8000÷0.9=8888.8…… ⇨ 8889원
따라서 같은 양의 아이스크림을 산다면 가장 저렴한 아이스크림은 다입니다.

유형❶ (1) 12　(2) 5
유제 1　20　　　유제 2　0.4
유형❷ (1) 7.8×□÷2=19.5　(2) 5 cm
유제 3　4.8 cm　　유제 4　3.9 cm
유형❸ (1) 9자루 / 2.6 kg　(2) 1.4 kg
유제 5　1.2 kg　　유제 6　풀이 참조, 2.6 kg
유형❹ (1) 3, 6　(2) 6
유제 7　2　　　유제 8　3
유형❺ (1) 9, 8, 1, 4　(2) 7
유제 9　8, 1, 5, 6 / 1.95　유제 10　풀이 참조, 72
유형❻ (1) 4.5 cm　(2) 30분 후
유제 11　50분 후　　유제 12　1시간 20분 후
유형❼ (1) 4, 5, 5, 5　(2) 3.6, 4.4　(3) 3
유제 13　6　　　유제 14　3개
유형❽ (1) 0.25 L　(2) 16.5 L　(3) 9통
유제 15　11통　　유제 16　23통

유형❶ (1) 어떤 수를 □라 하면 □×2.4=28.8이므로
□=28.8÷2.4=12입니다.
(2) 어떤 수는 12이므로 바르게 계산하면
12÷2.4=5입니다.

유제 1 어떤 수를 □라 하면 □×1.35=36.45이므로
□=36.45÷1.35=27입니다.
따라서 어떤 수는 27이므로 바르게 계산하면
27÷1.35=20입니다.

유제 2 어떤 수를 □라 하면 □×5.6=14이므로
□=14÷5.6=2.5입니다.
어떤 수는 2.5이므로 바르게 계산하면
2.5÷5.6=0.44……입니다.
따라서 바르게 계산했을 때의 몫을 반올림하여
소수 첫째 자리까지 나타내면 0.4입니다.

유형 ② (2) 7.8×□÷2=19.5, 7.8×□=39,
□=39÷7.8=5

유제 3 마름모의 다른 대각선의 길이를 □ cm라 하면
6.5×□÷2=15.6, 6.5×□=31.2,
□=31.2÷6.5=4.8입니다.

유제 4 사다리꼴의 높이를 □ cm라 하면
(4.3+6.9)×□÷2=21.84,
11.2×□÷2=21.84, 11.2×□=43.68,
□=43.68÷11.2=3.9입니다.

유형 ③ (1)
```
      9  ← 담을 수 있는 자루 수
4)3 8.6
  3 6
    2.6  ← 남는 땅콩의 양
```
(2) 땅콩을 한 자루에 4 kg씩 9자루에 담으면
2.6 kg이 남으므로 땅콩을 자루에 담아 남김
없이 모두 판매하려면 땅콩은 적어도
4−2.6=1.4(kg) 더 필요합니다.

유제 5
```
      1 7  ← 담을 수 있는 봉지 수
3)5 2.8
  3
  2 2
  2 1
    1.8  ← 남는 고춧가루의 양
```
따라서 고춧가루를 한 봉지에 3 kg씩 17봉지에
담으면 1.8 kg이 남으므로 고춧가루를 봉지에
담아 남김없이 모두 판매하려면 고춧가루는 적
어도 3−1.8=1.2(kg) 더 필요합니다.

유제 6 예
```
      1 5  ← 담을 수 있는 자루 수
5)7 7.4
  5
  2 7
  2 5
    2.4  ← 남는 쌀의 양」❶
```
따라서 쌀을 한 자루에 5 kg씩 15자루에 담으면
2.4 kg이 남으므로 쌀을 자루에 담아 남김없이
모두 판매하려면 쌀은 적어도 5−2.4=2.6(kg)
더 필요합니다.」❷

채점 기준
❶ 담을 수 있는 자루 수와 남는 쌀의 양 구하기
❷ 쌀은 적어도 몇 kg 더 필요한지 구하기

유형 ④ (1) 15÷11=1.363636……이므로 몫의 소수
점 아래 반복되는 숫자는 3, 6입니다.
(2) 몫의 소수 홀수째 자리 숫자는 3이고, 소수
짝수째 자리 숫자는 6이므로 몫의 소수 20째
자리 숫자는 6입니다.

유제 7 9÷3.7=2.432432……이므로 몫의 소수점
아래 반복되는 숫자는 4, 3, 2입니다.
따라서 33÷3=11이므로 몫의 소수 33째 자리
숫자는 몫의 소수 셋째 자리 숫자와 같은 2입니다.

유제 8 12.6÷4.4=2.8636363……이므로 몫의 소수
둘째 자리부터 반복되는 숫자는 6, 3입니다.
따라서 몫의 소수 첫째 자리를 제외하고 소수 짝
수째 자리 숫자는 6, 소수 홀수째 자리 숫자는
3이므로 몫의 소수 49째 자리 숫자는 3입니다.

유형 ⑤ (1) 9>8>4>1이므로 가장 큰 소수 한 자리
수는 9.8이고, 가장 작은 소수 한 자리 수는
1.4입니다.
(2) 9.8÷1.4=7

유제 9 1<5<6<8이므로 가장 작은 소수 두 자리 수
는 1.56이고, 가장 큰 소수 한 자리 수는 0.8입
니다. ⇨ 1.56÷0.8=1.95

유제 10 예 8>6>4>2>1>0이므로 가장 큰 소수 두
자리 수는 8.64이고, 가장 작은 소수 두 자리 수
는 0.12입니다. 몫이 가장 큰 나눗셈식을 만들면
8.64÷0.12입니다.」❶
따라서 몫이 가장 큰 나눗셈식의 몫은
8.64÷0.12=72입니다.」❷

채점 기준
❶ 몫이 가장 큰 나눗셈식 만들기
❷ 몫이 가장 큰 나눗셈식의 몫 구하기

<u>유형 **6**</u> (1) (줄어든 양초의 길이)=18.5−14=4.5(cm)
　　 (2) 1.5 mm=0.15 cm이고, 남은 양초의 길이
　　　 가 14 cm가 되는 때는 줄어든 양초의 길이
　　　 가 4.5 cm일 때이므로 양초에 불을 붙인 지
　　　 4.5÷0.15=30(분) 후입니다.

유제 **11** (1분 동안 타는 양초의 길이)
　　　 =0.48÷3=0.16(cm)
　　 (줄어든 양초의 길이)=24−16=8(cm)
　　 따라서 남은 양초의 길이가 16 cm가 되는 때는
　　 양초에 불을 붙인 지 8÷0.16=50(분) 후입니다.

유제 **12** (1분 동안 타는 양초의 길이)
　　　 =1.6÷10=0.16(cm)
　　 (줄어든 양초의 길이)=18.8−6=12.8(cm)
　　 따라서 남은 양초의 길이가 6 cm가 되는 때는
　　 양초에 불을 붙인 지 12.8÷0.16=80(분) 후이
　　 므로 1시간 20분 후입니다.

<u>유형 **7**</u> (1) 소수 첫째 자리 숫자가 0, 1, 2, 3, 4이면 버
　　　 리고, 소수 첫째 자리 숫자가 5, 6, 7, 8, 9
　　　 이면 올립니다.
　　 (2) ㉠.64÷0.8=4.5일 때
　　　 ㉠.64=4.5×0.8=3.6이고,
　　　 ㉠.64÷0.8=5.5일 때
　　　 ㉠.64=5.5×0.8=4.4이므로 ㉠.64는
　　　 3.6 이상 4.4 미만인 수입니다.
　　 (3) 3.6 이상 4.4 미만인 수 중 ㉠.64인 수는
　　　 3.64이므로 ㉠에 알맞은 수는 3입니다.

유제 **13** 반올림하여 소수 첫째 자리까지 나타내면 3.6이
　　 되는 몫의 범위는 3.55 이상 3.65 미만인 수입
　　 니다.
　　 2□.8÷7.4=3.55일 때
　　 2□.8=3.55×7.4=26.27이고,
　　 2□.8÷7.4=3.65일 때
　　 2□.8=3.65×7.4=27.01이므로 2□.8은
　　 26.27 이상 27.01 미만인 수입니다.
　　 따라서 □ 안에 알맞은 수는 6입니다.

유제 **14** 반올림하여 소수 첫째 자리까지 나타내면 0.8이
　　 되는 몫의 범위는 0.75 이상 0.85 미만인 수입
　　 니다.
　　 1.□68÷2.34=0.75일 때
　　 1.□68=0.75×2.34=1.755이고,
　　 1.□68÷2.34=0.85일 때
　　 1.□68=0.85×2.34=1.989이므로 1.□68은
　　 1.755 이상 1.989 미만인 수입니다.

따라서 □ 안에 알맞은 수는 7, 8, 9로 모두 3개
입니다.

<u>유형 **8**</u> (1) (담 1 m²를 칠하는 데 필요한 페인트의 양)
　　　 =1.1÷4.4=0.25(L)
　　 (2) (담 66 m²를 칠하는 데 필요한 페인트의 양)
　　　 =0.25×66=16.5(L)
　　 (3) $\begin{array}{r} 8 \\ 2\overline{)16.5} \\ \underline{16} \\ 0.5 \end{array}$ 페인트를 8통 사면 할머니 댁 담을 모두 칠할 수 없으므로 할머니 댁 담을 모두 칠하려면 페인트를 적어도 8+1=9(통) 사야 합니다.

유제 **15** (벽 1 m²를 칠하는 데 필요한 페인트의 양)
　　　 =0.6÷2.5=0.24(L)
　　 (벽 22.5 m²를 칠하는 데 필요한 페인트의 양)
　　　 =0.24×22.5=5.4(L)
　　 $\begin{array}{r} 10 \\ 0.5\overline{)5.4} \\ \underline{50} \\ 0.4 \end{array}$ 따라서 페인트를 10통 사면 현우네 집 벽을 모두 칠할 수 없으므로 현우네 집 벽을 모두 칠하려면 페인트를 적어도 10+1=11(통) 사야 합니다.

유제 **16** (지붕 1 m²를 칠하는 데 필요한 페인트의 양)
　　　 =1.3÷5=0.26(L)
　　 (지붕 140 m²를 칠하는 데 필요한 페인트의 양)
　　　 =0.26×140=36.4(L)
　　 $\begin{array}{r} 22 \\ 1.6\overline{)36.4} \\ \underline{32} \\ 44 \\ \underline{32} \\ 1.2 \end{array}$ 따라서 페인트를 22통 사면 채아네 집 지붕을 모두 칠할 수 없으므로 채아네 집 지붕을 모두 칠하려면 페인트를 적어도 22+1=23(통) 사야 합니다.

상위권 문제 확인과 응용	**38~41쪽**
1 0.63	**2** 2.52 cm
3 5.7 / 0.2	**4** 38그루
5 풀이 참조, 35520원	**6** 0.07
7 160쪽	**8** 풀이 참조, 0.54 kg
9 22.5 cm	**10** 13장
11 1.41배	**12** 27 ℃

1 어떤 수를 □라 하면 □×9.5=57이므로
　　 □=57÷9.5=6입니다.
　　 따라서 어떤 수는 6이므로 바르게 계산하면
　　 6÷9.5=0.631……이므로 몫을 반올림하여 소수
　　 둘째 자리까지 나타내면 0.63입니다.

2 (삼각형 ㄱㄴㄷ의 넓이)

=(변 ㄱㄴ)×(변 ㄱㄷ)÷2

=4.2×3.15÷2=6.615(cm^2)

⇨ (선분 ㄱㄹ)

=(삼각형 ㄱㄴㄷ의 넓이)×2÷(변 ㄴㄷ)

=6.615×2÷5.25=2.52(cm)

3 • 몫이 가장 큰 나눗셈식을 만들려면 가장 큰 소수 한 자리 수 7.6을 가장 작은 소수 두 자리 수 1.34로 나누어야 합니다.

⇨ 7.6÷1.34=5.67……이므로 몫을 반올림하여 소수 첫째 자리까지 나타내면 5.7입니다.

• 몫이 가장 작은 나눗셈식을 만들려면 가장 작은 소수 한 자리 수 1.3을 가장 큰 소수 두 자리 수 7.64로 나누어야 합니다.

⇨ 1.3÷7.64=0.17……이므로 몫을 반올림하여 소수 첫째 자리까지 나타내면 0.2입니다.

4 (나무 사이의 간격 수)

=(도로의 길이)÷(나무 사이의 간격)

=45÷2.5=18(군데)

(직선 도로의 한쪽에 심은 나무 수)

=(나무 사이의 간격 수)+1

=18+1=19(그루)

⇨ (직선 도로의 양쪽에 심은 나무 수)

=19×2=38(그루)

5 ⓔ 휘발유 1 L로 갈 수 있는 거리는

17.4÷1.2=14.5(km)입니다.」❶

자동차가 348 km를 가는 데 필요한 휘발유의 양은

348÷14.5=24(L)입니다.」❷

따라서 자동차가 348 km를 가는 데 필요한 휘발유의 값은 1480×24=35520(원)입니다.」❸

채점 기준
❶ 휘발유 1 L로 갈 수 있는 거리 구하기
❷ 자동차가 348 km를 가는 데 필요한 휘발유의 양 구하기
❸ 자동차가 348 km를 가는 데 필요한 휘발유의 값 구하기

6 4.88÷2.75=1.77……

나누어지는 수 4.88에 가장 작은 수를 더해서 나눗셈의 몫이 소수 첫째 자리에서 나누어떨어지게 하면 나눗셈의 몫은 1.7보다 0.1만큼 더 큰 1.8입니다.

몫이 1.8일 때 나누어지는 수를 □라 하면

□÷2.75=1.8, □=1.8×2.75=4.95입니다.

따라서 ㉠은 4.95-4.88=0.07입니다.

7 동화책 전체의 양을 1이라 생각하여 구합니다.

(오늘 읽은 부분)=(1-0.3)×0.5=0.35

(오늘까지 읽고 남은 부분)=1-0.3-0.35=0.35

전체 쪽수를 □쪽이라 하면

□×0.35=56, □=56÷0.35=160입니다.

따라서 정민이가 읽고 있는 동화책은 모두 160쪽입니다.

8 ⓔ 식용유 1.2 L의 무게는 5.29-4.15=1.14(kg)입니다.」❶

식용유 1 L의 무게는 1.14÷1.2=0.95(kg)이므로 식용유 5 L의 무게는 0.95×5=4.75(kg)입니다.」❷

따라서 빈 통의 무게는 5.29-4.75=0.54(kg)입니다.」❸

채점 기준
❶ 식용유 1.2 L의 무게 구하기
❷ 식용유 5 L의 무게 구하기
❸ 빈 통의 무게 구하기

9 (15분 동안 줄어든 양초의 길이)

=0.9×15=13.5(cm)

처음 양초의 길이를 □ cm라 하고 줄어든 양초의 길이를 나타내면 □×(1-0.4)=13.5,

□×0.6=13.5, □=13.5÷0.6=22.5입니다.

따라서 처음 양초의 길이는 22.5 cm입니다.

10 색 테이프를 3.5 cm씩 겹치게 이어 붙였으므로 색 테이프를 한 장씩 더 이어 붙일 때마다 색 테이프의 전체 길이는 24-3.5=20.5(cm)씩 늘어납니다.

더 이어 붙인 색 테이프의 수를 □장이라 하면

24+20.5×□=270, 20.5×□=246,

□=246÷20.5=12입니다.

따라서 이어 붙인 색 테이프는 모두 12+1=13(장)입니다.

11 (A3 용지의 긴 변의 길이)

=84.1÷2=42.05(cm) → 42 cm

(A2 용지의 긴 변의 길이)

=118.9÷2=59.45(cm) → 59.4 cm

(A3 용지의 짧은 변의 길이)

=59.4÷2=29.7(cm)

따라서 42÷29.7=1.414……이므로 A3 용지의 긴 변의 길이는 짧은 변의 길이의 1.41배입니다.

12 (소리가 1초 동안 이동한 거리)

$= 1043.91 \div 3 = 347.97 \text{(m)}$

기온이 $\square$ ℃일 때 공기 중에서 소리는 1초에

$(331.5 + 0.61 \times \square)$ m를 이동합니다.

$\Rightarrow 331.5 + 0.61 \times \square = 347.97,$

$0.61 \times \square = 16.47, \square = 16.47 \div 0.61 = 27$

최상위권 문제   42~43쪽

1 40개		**2** 2.5배	
3 6분 36초		**4** 3.75 cm	
5 5시간		**6** 0.28분	

1   비법 PLUS   직사각형 모양의 도화지에 정사각형 모양이 가로로 몇 개, 세로로 몇 개 놓일 수 있는지 구합니다.

• $48.6 \div 5.9 = 8.237 \cdots$ 이므로 가로로 만들 수 있는 정사각형은 8개입니다.

• $31.9 \div 5.9 = 5.406 \cdots$ 이므로 세로로 만들 수 있는 정사각형은 5개입니다.

따라서 정사각형은 모두 $8 \times 5 = 40$(개) 만들 수 있습니다.

2   비법 PLUS   먼저 성우의 작년 몸무게를 구하여 성우의 늘어난 몸무게를 구합니다.

(성우의 작년 몸무게)$= 48.75 \div 1.3 = 37.5 \text{(kg)}$

(성우의 늘어난 몸무게)

$= 48.75 - 37.5 = 11.25 \text{(kg)}$

(희준이의 늘어난 몸무게)

$= 43.97 - 39.52 = 4.45 \text{(kg)}$

따라서 $11.25 \div 4.45 = 2.52 \cdots$ 이므로 작년보다 현재 늘어난 몸무게는 성우가 희준이의 2.5배입니다.

3   비법 PLUS 60초$=1$분, 1초$=\dfrac{1}{60}$분 $\Rightarrow$ ■초$=\dfrac{■}{60}$분

3분 30초$=3.5$분이고, 4분 15초$=4.25$분이므로 1분 동안 나오는 물의 양은 ㉮ 수도꼭지가

$135.1 \div 3.5 = 38.6 \text{(L)}$, ㉯ 수도꼭지가

$180.2 \div 4.25 = 42.4 \text{(L)}$입니다.

따라서 ㉮와 ㉯ 수도꼭지를 동시에 틀어서 534.6 L의 물을 받으려면

$534.6 \div (38.6 + 42.4) = 534.6 \div 81 = 6.6$(분)

→ 6분 36초가 걸립니다.

4 (삼각형 ㄱㄴㄷ의 넓이)

$=$ (삼각형 ㄹㅁㄷ의 넓이)$\times 1.44$

→ (삼각형 ㄹㅁㄷ의 넓이)

$=$ (삼각형 ㄱㄴㄷ의 넓이)$\div 1.44$

$= 12.96 \div 1.44 = 9 \text{(cm}^2)$

$\Rightarrow$ (변 ㅁㄷ)$\times 4.8 \div 2 = 9,$

(변 ㅁㄷ)$= 9 \times 2 \div 4.8 = 3.75 \text{(cm)}$

5   비법 PLUS   배가 강물이 흐르는 방향으로 1시간 동안 가는 거리는 (배가 1시간 동안 가는 거리)+(강물이 1시간 동안 흐르는 거리)입니다.

1시간 30분$=1.5$시간

(강물이 1시간 동안 흐르는 거리)

$= 24 \div 1.5 = 16 \text{(km)}$

(배가 강물이 흐르는 방향으로 1시간 동안 가는 거리)

$= 42.5 + 16 = 58.5 \text{(km)}$

따라서 배가 강물이 흐르는 방향으로 292.5 km를 가는 데 걸리는 시간은 $292.5 \div 58.5 = 5$(시간)입니다.

6   비법 PLUS   기차가 터널을 완전히 통과하려면 기차는 (터널의 길이)+(기차의 길이)만큼 달려야 합니다.

1 m$=0.001$ km이므로 80 m$=0.08$ km입니다.

(기차가 터널을 완전히 통과하는 데 달리는 거리)

$= 0.6 + 0.08 = 0.68 \text{(km)}$

(기차가 1분 동안 달리는 거리)

$= 144 \div 60 = 2.4 \text{(km)}$

따라서 $0.68 \div 2.4 = 0.283 \cdots$ 이므로 기차가 터널을 완전히 통과하는 데 걸리는 시간은 0.28분입니다.

③ 공간과 입체

핵심 개념과 문제　47쪽

1 다	**2** 11개
3 나	**4** 4, 5
5	**6** ㉢

5 옆

1

다 →

2 쌓은 모양에서 보이는 위의 면과 위에서 본 모양이
일치하므로 보이지 않는 부분에 쌓기나무가 없습니다.
따라서 1층에 7개, 2층에 3개, 3층에 1개이므로 주
어진 모양과 똑같이 쌓는 데 필요한 쌓기나무는
$7+3+1=11$(개)입니다.

3 나를 앞에서 보면 오른쪽과 같이 ○표 한
쌓기나무가 보이게 되므로 주어진 모양을
위에서 본 모양이 될 수 없습니다.

4 첫째 장면은 손과 발의 위치가 바뀌었기 때문에 4번
카메라에서 촬영하고 있는 모습입니다.

5 앞에서 본 모양을 보면 쌓기나무가 △ 부
분에 2개, ○ 부분에 각각 1개씩, ◇ 부
분에 3개 있습니다.
쌓기나무 8개로 쌓은 모양을 옆에서 보면 왼쪽부터
차례대로 1층, 2층, 3층으로 보입니다.

6 위와 앞에서 본 모양을 보면 모든 모양이 가능하지
만 옆에서 본 모양을 보면 ㉢은 가능하지 않은 모양
입니다.

핵심 개념과 문제　49쪽

1	**2** 나
	3 앞 / 10개
4 8개	**5** 가
6	

6
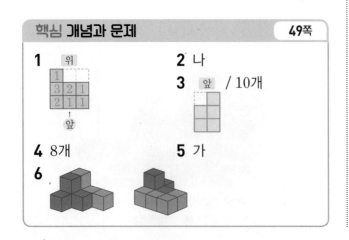

---

1 위에서 본 모양의 각 자리에 쌓인 쌓기나무의 개수
를 씁니다. 이때 보이지 않는 부분에 쌓인 쌓기나무
가 있다는 것에 주의합니다.

2 가　　　　다

3 1층의 ○ 부분은 3층까지, △ 부분은 2층까
지 있고 나머지 부분은 1층만 있습니다.
⇨ (쌓기나무의 개수)$=5+4+1=10$(개)

4 앞과 옆에서 본 모양을 보면 쌓기나무가
㉠에는 2개, ㉢, ㉣, ㉥에는 각각 1개, ㉡
에는 3개입니다.
⇨ (쌓기나무의 개수)$=2+3+1+1+1=8$(개)

5 옆에서 본 모양을 그려 보면 각각 다음과 같습니다.
가　　　　나　　　　다

상위권 문제　50~55쪽

유형 ❶ (1) ㉠ / ㉢ / ㉣ / ㉡ (2) ㉡
유제 1 ㉣　　　　　**유제 2** ㉠
유형 ❷ (1) 7개 / 3개 (2) 10개
유제 3 3개　　　　　**유제 4** 풀이 참조, 7개
유형 ❸ (1) 없습니다 / 없습니다 / 있습니다
　　　　(2) 다, 라
유제 5 나, 라
유형 ❹ (1) 11개 (2) 27개 (3) 16개
유제 6 풀이 참조, 49개
유형 ❺ (1) 위 / 위 (2) 13개 / 11개

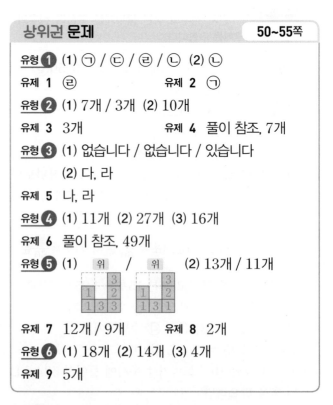

유제 7 12개 / 9개　　　**유제 8** 2개
유형 ❻ (1) 18개 (2) 14개 (3) 4개
유제 9 5개

유형 ❶ (2) 가장 앞이 2층이고 2층의 오른쪽은 1층, 왼
쪽은 3층이므로 ㉡ 방향에서 본 것입니다.

유제 **1** 쌓기나무로 쌓은 모양은 가장 앞이 2층이므로 ㉣ 방향에서 본 것입니다.

유제 **2** 쌓기나무로 쌓은 모양은 가장 앞이 1층이고 1층의 오른쪽은 3층, 왼쪽은 1층이므로 ㉠ 방향에서 본 것입니다.

유형 **2** (1) • 2층에 있는 쌓기나무의 개수는 2 이상인 수가 쓰여 있는 칸의 개수와 같으므로 7개입니다.

• 3층에 있는 쌓기나무의 개수는 3 이상인 수가 쓰여 있는 칸의 개수와 같으므로 3개입니다.

(2) $7+3=10$(개)

유제 **3** • 2층에 있는 쌓기나무의 개수는 2 이상인 수가 쓰여 있는 칸의 개수와 같으므로 8개입니다.

• 3층에 있는 쌓기나무의 개수는 3 이상인 수가 쓰여 있는 칸의 개수와 같으므로 5개입니다.

⇨ $8-5=3$(개)

유제 **4** 예 2층에 있는 쌓기나무의 개수는 2 이상인 수가 쓰여 있는 칸의 개수와 같으므로 가는 3개, 나는 4개입니다. 」❶

따라서 가와 나의 2층에 있는 쌓기나무는 모두 $3+4=7$(개)입니다. 」❷

채점 기준
❶ 가와 나의 2층에 있는 쌓기나무의 개수 각각 구하기
❷ 가와 나의 2층에 있는 쌓기나무는 모두 몇 개인지 구하기

유형 **3** (2) 다 모양을 사용했을 때 남는 부분에 사용한 모양은 라 모양입니다.

유제 **5** • 가 모양을 사용한 경우

⇨ 남는 부분에 사용한 모양은 모양이

지만 나, 다, 라 모양 중에는 없습니다.

• 나 모양을 사용한 경우

⇨ 남는 부분에 사용한 모양은 라 모양입니다.

• 다 모양은 사용할 수 없습니다.

유형 **4** (1) 1층: 6개, 2층: 4개, 3층: 1개
⇨ $6+4+1=11$(개)

(2) 한 모서리에 쌓기나무가 3개씩일 때이므로 필요한 쌓기나무는 $3\times3\times3=27$(개)입니다.

(3) $27-11=16$(개)

유제 **6** 예 주어진 모양을 쌓는 데 사용한 쌓기나무는 1층에 10개, 2층에 3개, 3층에 2개이므로 $10+3+2=15$(개)입니다. 」❶
가장 작은 정육면체 모양은 한 모서리에 쌓기나무가 4개씩이므로 필요한 쌓기나무는 $4\times4\times4=64$(개)입니다. 」❷
따라서 쌓기나무는 $64-15=49$(개) 더 필요합니다. 」❸

채점 기준
❶ 주어진 모양을 쌓는 데 사용한 쌓기나무의 개수 구하기
❷ 가장 작은 정육면체 모양을 만들 때 필요한 쌓기나무의 개수 구하기
❸ 쌓기나무는 몇 개 더 필요한지 구하기

유형 **5** (1) 위에서 본 모양에 확실한 쌓기나무의 개수를 써 보면 다음과 같습니다.

 ㉠ 자리에는 쌓기나무가 가장 많을 때 3개, 가장 적을 때 1개 쌓을 수 있습니다.

(2) • 쌓기나무가 가장 많을 때:
$3+1+2+1+3+3=13$(개)

• 쌓기나무가 가장 적을 때:
$3+1+2+1+3+1=11$(개)

유제 **7** • 쌓기나무가 가장 많을 때:

위		
2	2	2
2	2	2

⇨ $2+2+2+2+2+2=12$(개)

• 쌓기나무가 가장 적을 때:

예

위		
2	2	1
1	1	2

⇨ $2+2+1+1+1+2=9$(개)

유제 **8** 위에서 본 모양에 확실한 쌓기나무의 개수를 써 보면 다음과 같습니다.

위		
2		
㉠	1	3
㉡		3

㉠과 ㉡ 자리에는 쌓기나무가 가장 많을 때 각각 2개씩, 가장 적을 때 각각 1개씩 쌓을 수 있습니다.

• 쌓기나무가 가장 많을 때:
$2+2+1+3+2+3=13$(개)

• 쌓기나무가 가장 적을 때:
$2+1+1+3+1+3=11$(개)

⇨ $13-11=2$(개)

유형 6 (1)

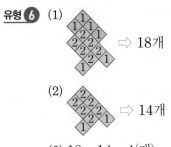 ⇨ 18개

(2)

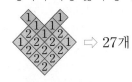 ⇨ 14개

(3) 18−14＝4(개)

유제 9 • 상자가 가장 많이 쌓여 있는 경우

⇨ 27개

• 상자가 가장 적게 쌓여 있는 경우

⇨ 22개

따라서 상자 개수의 차는 27−22＝5(개)입니다.

상위권 문제 확인과 응용   56~59쪽

1 10개   **2** 49개
3 5개
4

위	앞	옆

5 8가지
6 옆   **7** 풀이 참조, 6가지
8 6가지
9 풀이 참조, 18개
10 4개   **11** ㉡, ㉤
12 130 cm²

1 (전체 쌓기나무의 개수)
＝4＋3＋3＋2＋1＋1＋2＋2＋1＋1＋1
＝21(개)
1층에 있는 쌓기나무의 개수는 위에서 본 모양의 칸의 수와 같으므로 11개입니다.
⇨ (2층 이상에 있는 쌓기나무의 개수)
＝21−11＝10(개)

2 (정육면체 모양의 쌓기나무의 개수)
＝4×4×4＝64(개)

남은 쌓기나무는 1층에 7개, 2층에 4개, 3층에 3개, 4층에 1개이므로 7＋4＋3＋1＝15(개)입니다.
⇨ (빼낸 쌓기나무의 개수)＝64−15＝49(개)

3 나 모양은 쌓기나무가 1층에 8개, 2층에 6개, 3층에 1개이므로 8＋6＋1＝15(개)입니다.
따라서 나 모양은 가 모양을 15÷3＝5(개) 사용하여 만든 것입니다.

참고

4 빨간색 쌓기나무 3개를 빼낸 모양은 다음과 같습니다.

 왼쪽 모양은 쌓기나무 11−3＝8(개)로 쌓은 모양이고 보이는 쌓기나무가 8개이므로 보이지 않는 부분에 쌓기나무는 없습니다.

5

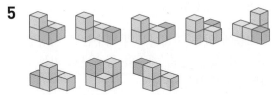

따라서 만들 수 있는 모양은 모두 8가지입니다.

6 앞에서 본 모양을 보고 위에서 본 모양에 확실한 쌓기나무의 개수를 쓰면 다음과 같습니다.

 쌓기나무 10개로 쌓은 모양이므로
3＋1＋㉠＋1＋㉡＋1＝10,
6＋㉠＋㉡＝10, ㉠＋㉡＝4입니다.
앞에서 본 모양에서 가장 오른쪽은 2층으로 보여야 하므로 ㉠과 ㉡ 자리에 쌓기나무를 각각 2개씩 쌓은 것입니다.
따라서 옆에서 보면 왼쪽부터 차례대로 1층, 2층, 3층으로 보입니다.

7 예 3층이므로 위에서 본 모양의 한 자리에 3을 쓰면 되고, 남은 쌓기나무는 7−3＝4(개)이므로 남은 자리에 2, 1, 1을 쓰면 됩니다. ❶
⇨ 3 2 1 1, 3 1 2 1, 3 1 1 2, 2 3 1 1, 1 3 2 1, 1 3 1 2
따라서 만들 수 있는 모양은 모두 6가지입니다. ❷

채점 기준
❶ 조건에 맞게 쌓는 방법 알아보기
❷ 만들 수 있는 모양은 모두 몇 가지인지 구하기

8 위에서 본 모양에 확실한 쌓기나무의 개수를 쓰면 다음과 같습니다.

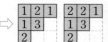 ㉠, ㉡, ㉢ 자리에는 쌓기나무를 2개까지 쌓을 수 있고 ㉠, ㉡ 자리 중 적어도 한 자리에는 쌓기나무를 2개 쌓아야 합니다.

⇨

따라서 모두 6가지로 만들 수 있습니다.

9 〔예〕 한 면이 색칠되는 쌓기나무는 정육면체 모양의 한 면에 9개씩이므로 $9 \times 6 = 54$(개)이고, 두 면이 색칠되는 쌓기나무는 한 모서리에 3개씩이므로 $3 \times 12 = 36$(개)입니다. ❶

따라서 쌓기나무의 개수의 차는 $54 - 36 = 18$(개)입니다. ❷

채점 기준
❶ 한 면과 두 면이 색칠되는 쌓기나무의 개수 각각 구하기
❷ 쌓기나무의 개수의 차 구하기

10 위에서 본 모양에 확실한 쌓기나무의 개수를 쓰면 다음과 같습니다.

 쌓기나무 13개로 쌓은 것이므로
$1+1+1+2+2+3+㉠+2=13$,
$12+㉠=13$, $㉠=1$입니다.

따라서 앞에서 보았을 때 보이지 않는 쌓기나무는 색칠한 자리에 있는 쌓기나무이므로 모두
$1+1+1+1=4$(개)입니다.

11 주어진 모양의 쌓기나무는 1층에 8개, 2층에 3개, 3층에 1개로 $8+3+1=12$(개)이므로 ㉢을 제외하고 사용된 2개의 조각은 각각 4개의 정육면체로 구성된 조각입니다.

소마 큐브 조각을 뒤집거나 돌려서 모양을 만들면 오른쪽과 같이 ㉡, ㉢, ㉤을 사용하여 만든 것이므로 더 사용한 조각은 ㉡, ㉤입니다.

12 (쌓기나무의 한 면의 넓이)$=1 \times 1 = 1(\text{cm}^2)$
쌓기나무로 쌓은 모양을 위에서 보면 보이는 면은 25개, 앞에서 보면 보이는 면은 20개, 옆에서 보면 보이는 면은 20개입니다.
따라서 보이는 면은 모두
$(25+20+20) \times 2 = 130$(개)이므로 페인트를 칠한 면의 넓이는 130 cm^2입니다.

최상위권 **문제**	*60~61쪽*

1 9개	**2** 51개
3 5개	**4** 7개
5 184 cm^2	**6** 31개

1 비법 PLUS⁺ 어느 방향에서도 보이지 않는 쌓기나무의 개수를 층별로 알아봅니다.

10층까지 쌓으면 10층의 쌓기나무는 어느 방향에서도 모두 보이고, 9층에서 1층까지는 한가운데에 있는 쌓기나무가 어느 방향에서도 보이지 않습니다.
따라서 어느 방향에서도 보이지 않는 쌓기나무는 모두 9개입니다.

2 비법 PLUS⁺ 정육면체 모양을 만들 때 쌓기나무를 가장 적게 사용하여 만들어야 하므로 쌓은 모양의 쌓기나무의 개수는 쌓기나무가 가장 많을 때입니다.

위에서 본 모양에 확실한 쌓기나무의 개수를 쓰면 다음과 같습니다.

쌓기나무가 가장 많을 때에는 ㉠, ㉡, ㉢ 자리에 각각 2개씩일 때이므로 쌓기나무의 개수는
$1+2+3+1+1+2+2+1=13$(개)입니다.
가장 작은 정육면체 모양은 한 모서리에 쌓기나무가 4개씩이므로 필요한 쌓기나무는 $4 \times 4 \times 4 = 64$(개)입니다.
따라서 쌓기나무를 가장 적게 사용하여 만들 때 필요한 쌓기나무는 $64 - 13 = 51$(개)입니다.

3 비법 PLUS⁺ 쌓기나무로 쌓은 모양을 만들어 보고 층별로 두 면이 색칠된 쌓기나무를 찾습니다.

쌓기나무로 쌓은 모양은 다음과 같습니다.

두 면이 색칠된 쌓기나무는 1층에 2개, 2층에 3개, 3층에 없습니다.
따라서 두 면이 색칠된 쌓기나무는 모두
$2+3=5$(개)입니다.

4

비법 PLUS 앞에서 본 모양과 옆에서 본 모양이 각각 3줄이므로 쌓은 쌓기나무가 가장 많은 경우 위에서 본 모양은 다음과 같습니다.

• 쌓기나무가 가장 많은 경우

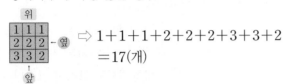

$\Rightarrow 1+1+1+2+2+2+3+3+2$
$=17$(개)

• 쌓기나무가 가장 적은 경우

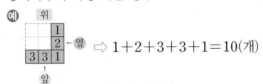

$\Rightarrow 1+2+3+3+1=10$(개)

따라서 쌓기나무의 개수의 차는 $17-10=7$(개)입니다.

5

비법 PLUS (페인트를 칠한 면의 수)
$=$(위, 앞, 옆에서 보이는 면의 수)$\times 2$
$+$(위, 앞, 옆에서도 보이지 않는 면의 수)

(쌓기나무의 한 면의 넓이)$=2\times 2=4(\text{cm}^2)$

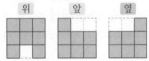

(위, 앞, 옆에서 보이는 면의 수)$=(8+7+7)\times 2$
$=44$(개)

위, 앞, 옆에서 보았을 때 보이지 않는 면의 수는 2개이므로 바깥쪽 면의 수는 $44+2=46$(개)입니다.
따라서 페인트를 칠한 면의 넓이는 $4\times 46=184(\text{cm}^2)$입니다.

보이지 않는 면

6

비법 PLUS 구멍이 여러 번 뚫리는 쌓기나무도 있으므로 각 층별로 구멍이 뚫린 쌓기나무의 개수를 세어 봅니다.

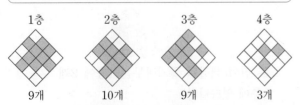

1층 9개 2층 10개 3층 9개 4층 3개

$\Rightarrow$ (구멍이 뚫린 쌓기나무의 개수)
$=9+10+9+3=31$(개)

---

④ 비례식과 비례배분

핵심 개념과 문제　　65쪽

1 $30:24$, $5:4$

2 $\dfrac{2}{15}:\dfrac{2}{5}=8:24$ 또는 $8:24=\dfrac{2}{15}:\dfrac{2}{5}$

3 가, 라　　　　　**4** 예 $15:13$

5 방법1| 예 분수를 소수로 나타내면 $1\dfrac{3}{5}=1.6$이므로 소수로 나타낸 비 $1.7:1.6$의 전항과 후항에 10을 곱하면 $17:16$이 됩니다.

방법2| 예 소수를 분수로 나타내면 $1.7=\dfrac{17}{10}$이고, $1\dfrac{3}{5}=\dfrac{8}{5}$이므로 분수로 나타낸 비 $\dfrac{17}{10}:\dfrac{8}{5}$의 전항과 후항에 10을 곱하면 $17:16$이 됩니다.

6 44, 2, 8

1 $15:12$는 전항과 후항에 2를 곱한 $30:24$와 비율이 같고, 전항과 후항을 3으로 나눈 $5:4$와 비율이 같습니다.

2 각 비의 비율을 알아보면
$5:7 \Rightarrow \dfrac{5}{7}$, $\dfrac{2}{15}:\dfrac{2}{5} \Rightarrow 2:6 \Rightarrow \dfrac{2}{6}=\dfrac{1}{3}$,
$1.5:1.8 \Rightarrow 15:18 \Rightarrow \dfrac{15}{18}=\dfrac{5}{6}$,
$8:24 \Rightarrow \dfrac{8}{24}=\dfrac{1}{3}$입니다.
따라서 비율이 같은 두 비를 찾아 비례식으로 나타내면 $\dfrac{2}{15}:\dfrac{2}{5}=8:24$ 또는 $8:24=\dfrac{2}{15}:\dfrac{2}{5}$입니다.

3 가의 가로와 세로의 비 $6:8$의 전항과 후항을 2로 나누면 $3:4$가 되고, 라의 가로와 세로의 비 $9:12$의 전항과 후항을 3으로 나누면 $3:4$가 됩니다.
참고 나의 가로와 세로의 비 $4:8$의 전항과 후항을 4로 나누면 $1:2$가 되고, 다의 가로와 세로의 비 $4:6$의 전항과 후항을 2로 나누면 $2:3$이 됩니다.

4 (여자 수)$=224-120=104$(명)이므로
(남자 수) : (여자 수)$=120:104$입니다.
$120:104$의 전항과 후항을 8로 나누면 $15:13$이 됩니다.

5 분수를 소수로 나타내어 간단한 자연수의 비로 나타내거나 소수를 분수로 나타내어 간단한 자연수의 비로 나타냅니다.

6 $11:㉠=㉡:㉢$이라 하면
- $11:㉠$의 비율이 $\frac{1}{4}$이므로 $\frac{11}{㉠}=\frac{1}{4}$에서 $㉠=44$입니다.
- $11:44=㉡:㉢$에서 내항의 곱이 88이므로 $44×㉡=88$, $㉡=2$입니다.
- $2:㉢$의 비율이 $\frac{1}{4}$이므로 $\frac{2}{㉢}=\frac{1}{4}$에서 $㉢=8$입니다.

핵심 개념과 문제   **67쪽**

1 ㉡	**2** 16000원
3 ①	**4** 28명
5 144묶음 / 156묶음	**6** 36

1 ㉠ (외항의 곱)$=4×8=32$
(내항의 곱)$=7×14=98$
㉡ (외항의 곱)$=1.6×3=4.8$
(내항의 곱)$=0.6×8=4.8$
㉢ (외항의 곱)$=\frac{1}{3}×8=\frac{8}{3}$
(내항의 곱)$=\frac{1}{8}×3=\frac{3}{8}$
㉣ (외항의 곱)$=15×7=105$
(내항의 곱)$=28×5=140$
⇨ 외항의 곱과 내항의 곱이 같은 비례식은 ㉡입니다.

2 (은수가 내야 하는 돈)
$=28000×\frac{4}{4+3}=28000×\frac{4}{7}=16000$(원)

3 ① $16×9=36×\square$, $36×\square=144$, $\square=4$
② $12×125=\square×300$, $\square×300=1500$, $\square=5$
③ $1\frac{1}{2}×16=2\frac{2}{3}×\square$, $2\frac{2}{3}×\square=24$, $\square=9$
④ $\square×11=6.6×7$, $\square×11=46.2$, $\square=4.2$
⑤ $1.2×\square=6×1.4$, $1.2×\square=8.4$, $\square=7$

4 희선이네 반 전체 학생 수를 $\square$명이라 하여 비례식을 세우면 $100:\square=25:7$입니다.
⇨ $100×7=\square×25$, $\square×25=700$, $\square=28$

---

5 (1반의 학생 수):(2반의 학생 수)$=24:26$
(1반에 나누어 주어야 하는 색종이 묶음의 수)
$=300×\frac{24}{24+26}=300×\frac{24}{50}=144$(묶음)
(2반에 나누어 주어야 하는 색종이 묶음의 수)
$=300×\frac{26}{24+26}=300×\frac{26}{50}=156$(묶음)

6 ㉮$:5=\square:$㉯에서 ㉮$×$㉯$=5×\square$이므로 ㉮$×$㉯는 5의 배수입니다. 또, ㉮$×$㉯가 200보다 작은 6의 배수이므로 ㉮$×$㉯가 될 수 있는 수는 200보다 작은 5와 6의 공배수입니다.
$\square$ 안에 들어갈 수가 가장 큰 경우는 ㉮$×$㉯가 가장 큰 수일 때이므로 ㉮$×$㉯가 180일 때입니다.
⇨ ㉮$×$㉯$=5×\square$, $180=5×\square$, $\square=36$

상위권 문제   **68~75쪽**

유형 ❶ (1) 10, 15, 28 (2) 21 : 15
유제 **1** 40 : 28   유제 **2** 80
유형 ❷ (1) 예 $15:24=\square:168$ (2) 105분
     (3) 1시간 45분
유제 **3** 2시간 30분   유제 **4** 8 L
유형 ❸ (1) 예 24 : 18 (2) 15번
유제 **5** 24번   유제 **6** 풀이 참조, 15개
유형 ❹ (1) $\frac{1}{3}$, $\frac{2}{5}$ (2) $\frac{1}{3}$ (3) 예 6 : 5
유제 **7** 예 12 : 7   유제 **8** 40 cm^2
유형 ❺ (1) 예 2 : 3 (2) 65만 원
유제 **9** 52만 원
유제 **10** 풀이 참조, 720만 원
유형 ❻ (1) 32시간 (2) 8분 (3) 오후 4시 8분
유제 **11** 오후 1시 50분   유제 **12** 오후 1시 12분
유형 ❼ (1) 3 / 6, 4 (2) 16 cm
유제 **13** 16 cm   유제 **14** 9 cm
유형 ❽ (1) 9 cm (2) 4.5 km
유제 **15** 2.75 km   유제 **16** 1.4 km

유형 ❶ (1) 7 : 5의 전항과 후항에 2, 3, 4를 곱하면 각각 14 : 10, 21 : 15, 28 : 20이 됩니다.
   (2) • 14 : 10 ⇨ 차: $14-10=4$
     • 21 : 15 ⇨ 차: $21-15=6$
     • 28 : 20 ⇨ 차: $28-20=8$

유제 1 10 : 7의 전항과 후항에 2, 3, 4를 곱하면 각각 20 : 14, 30 : 21, 40 : 28이 됩니다.
- 20 : 14 ⇨ 합: 20+14=34
- 30 : 21 ⇨ 합: 30+21=51
- 40 : 28 ⇨ 합: 40+28=68

따라서 전항과 후항의 합이 68인 비는 40 : 28 입니다.

유제 2 $\dfrac{11}{9}$ ⇨ 11 : 9이므로 11 : 9의 전항과 후항에 2, 3, 4를 곱하면 각각 22 : 18, 33 : 27, 44 : 36 이 됩니다.
- 22 : 18 ⇨ 차: 22−18=4
- 33 : 27 ⇨ 차: 33−27=6
- 44 : 36 ⇨ 차: 44−36=8

따라서 조건에 알맞은 비는 44 : 36이고, 이 비의 전항과 후항의 합은 44+36=80입니다.

유형 ② (1) 15분 동안 24 km를 갔으므로 □분 동안 168 km를 가는 비례식은
15 : 24=□ : 168입니다.
(2) 15 : 24=□ : 168
⇨ 15×168=24×□, 24×□=2520,
□=105
(3) 105분=1시간 45분

유제 3 400 km를 가는 데 걸리는 시간을 □분이라 하여 비례식을 세우면 48 : 128=□ : 400입니다.
⇨ 48×400=128×□, 128×□=19200,
□=150

따라서 150분=2시간 30분이므로 400 km를 가는 데 걸리는 시간은 2시간 30분입니다.

유제 4 1시간 30분=1.5시간, 2시간 15분=2.25시간
2시간 15분 동안 가는 거리를 □km라 하여 비례식을 세우면 1.5 : 112=2.25 : □입니다.
⇨ 1.5×□=112×2.25, 1.5×□=252,
□=168

따라서 168 km를 가는 데 필요한 휘발유의 양은 168÷21=8(L)입니다.

유형 ③ (1) (㉮의 톱니 수) : (㉯의 톱니 수)=18 : 24
⇨ (㉮의 회전수) : (㉯의 회전수)=24 : 18
(2) ㉮가 20번 돌 때 ㉯가 □번 돈다고 하여 비례식을 세우면 24 : 18=20 : □입니다.
⇨ 24×□=18×20, 24×□=360,
□=15

유제 5 (㉮의 톱니 수) : (㉯의 톱니 수)=35 : 20
⇨ (㉮의 회전수) : (㉯의 회전수)=20 : 35
㉯가 42번 돌 때 ㉮가 □번 돈다고 하여 비례식을 세우면 20 : 35=□ : 42입니다.
⇨ 20×42=35×□, 35×□=840,
□=24

유제 6 예 (㉮의 회전수) : (㉯의 회전수)=24 : 40이므로 (㉮의 톱니 수) : (㉯의 톱니 수)=40 : 24입니다. ❶
㉯의 톱니 수를 □개라 하여 비례식을 세우면
40 : 24=25 : □입니다. ❷
⇨ 40×□=24×25, 40×□=600,
□=15
따라서 ㉮의 톱니가 25개이면 ㉯의 톱니는 15개입니다. ❸

채점 기준	
❶ ㉮의 톱니 수와 ㉯의 톱니 수의 비 구하기	
❷ ㉯의 톱니 수를 □개라 하여 비례식 세우기	
❸ ㉯의 톱니 수 구하기	

유형 ④ (1) ㉮의 넓이의 $\dfrac{1}{3}$과 ㉯의 넓이의 $\dfrac{2}{5}$가 같으므로 ㉮ $\times \dfrac{1}{3}$=㉯ $\times \dfrac{2}{5}$입니다.
(2) ㉮ $\times \dfrac{1}{3}$=㉯ $\times \dfrac{2}{5}$ ⇨ ㉮ : ㉯=$\dfrac{2}{5} : \dfrac{1}{3}$
(3) $\dfrac{2}{5} : \dfrac{1}{3}$의 전항과 후항에 15를 곱하면 6 : 5 가 됩니다.

유제 7 ㉮ $\times \dfrac{1}{4}$=㉯ $\times \dfrac{3}{7}$ ⇨ ㉮ : ㉯=$\dfrac{3}{7} : \dfrac{1}{4}$
$\dfrac{3}{7} : \dfrac{1}{4}$의 전항과 후항에 28을 곱하면 12 : 7이 됩니다.

유제 8 ㉮ $\times \dfrac{2}{7}$=㉯ $\times \dfrac{3}{5}$ ⇨ ㉮ : ㉯=$\dfrac{3}{5} : \dfrac{2}{7}$이고 이 비의 전항과 후항에 35를 곱하면 21 : 10이 됩니다.
㉮의 넓이가 84 cm²일 때 ㉯의 넓이를 □cm² 라 하여 비례식을 세우면 21 : 10=84 : □입니다.
⇨ 21×□=10×84, 21×□=840,
□=40

유형 **5** (1) (민규) : (연희)=100만 : 150만이고 이 비의 전항과 후항을 50만으로 나누면 2 : 3이 됩니다.

(2) 두 사람이 얻은 총 이익금을 □만 원이라 하면

$$□×\frac{2}{2+3}=26, □×\frac{2}{5}=26$$

$$⇨ □=26÷\frac{2}{5}=26×\frac{5}{2}=65입니다.$$

따라서 두 사람이 얻은 총 이익금은 65만 원입니다.

유제 **9** (신혜) : (영우)=35만 : 56만이고 이 비의 전항과 후항을 7만으로 나누면 5 : 8이 됩니다.

두 사람이 얻은 총 이익금을 □만 원이라 하면

$$□×\frac{8}{5+8}=32, □×\frac{8}{13}=32$$

$$⇨ □=32÷\frac{8}{13}=32×\frac{13}{8}=52입니다.$$

따라서 두 사람이 얻은 총 이익금은 52만 원입니다.

유제 **10** 예 ㉮ 회사와 ㉯ 회사가 투자한 금액의 비는

(㉮ 회사) : (㉯ 회사)=2000만 : 2800만이고 이 비의 전항과 후항을 400만으로 나누면 5 : 7이 됩니다.」❶

두 회사가 얻은 총 이익금을 □만 원이라 하면

$$□×\frac{5}{5+7}=300, □×\frac{5}{12}=300$$

$$⇨ □=300÷\frac{5}{12}=300×\frac{12}{5}=720입니다.$$

따라서 두 회사가 얻은 총 이익금은 720만 원입니다.」❷

채점 기준
❶ ㉮ 회사와 ㉯ 회사가 투자한 금액의 비를 간단한 자연수의 비로 나타내기
❷ 두 회사가 얻은 총 이익금 구하기

유형 **6** (1) 어느 날 오전 8시부터 다음 날 오전 8시까지는 24시간이고 오전 8시부터 오후 4시까지는 8시간이므로 24시간+8시간=32시간입니다.

(2) 어느 날 오전 8시부터 다음 날 오후 4시까지 시계가 빨라진 시간을 □분이라 하여 비례식을 세우면 24 : 6=32 : □입니다.

$$⇨ 24×□=6×32, 24×□=192,$$
$$□=8$$

(3) 오후 4시+8분=오후 4시 8분

유제 **11** 어느 날 오후 6시부터 다음 날 오후 2시까지는 20시간입니다.

20시간 동안 시계가 늦어진 시간을 □분이라 하여 비례식을 세우면 24 : 12=20 : □입니다.

$$⇨ 24×□=12×20, 24×□=240,$$
$$□=10$$

따라서 다음 날 오후 2시에 이 시계가 가리키는 시각은 오후 2시-10분=오후 1시 50분입니다.

유제 **12** 어느 날 오전 10시 30분부터 다음 날 오후 1시 30분까지는 27시간입니다.

2일은 24×2=48(시간)이므로 27시간 동안 시계가 늦어진 시간을 □분이라 하여 비례식을 세우면 48 : 32=27 : □입니다.

$$⇨ 48×□=32×27, 48×□=864,$$
$$□=18$$

따라서 다음 날 오후 1시 30분에 이 시계가 가리키는 시각은

오후 1시 30분-18분=오후 1시 12분입니다.

유형 **7** (1) (6×▥) : (▲×▥÷2)의 전항과 후항을 ▥로 나누면 6 : (▲÷2)이므로 ㉮와 ㉯의 넓이의 비를 비례식으로 나타내면

6 : (▲÷2)=3 : 4입니다.

(2) 6 : (▲÷2)=3 : 4

$$⇨ 6×4=(▲÷2)×3, 24=(▲÷2)×3,$$
$$8=▲÷2, ▲=16$$

유제 **13** ㉯의 윗변과 아랫변의 길이의 합을 □cm라 하고 ㉮와 ㉯의 높이를 각각 △cm라 할 때 ㉮와 ㉯의 넓이의 비는 (8×△) : (□×△÷2)입니다.

(8×△) : (□×△÷2)의 전항과 후항을 △로 나누면 8 : (□÷2)이므로 ㉮와 ㉯의 넓이의 비를 비례식으로 나타내면

8 : (□÷2)=2 : 3입니다.

$$⇨ 8×3=(□÷2)×2, 24=(□÷2)×2,$$
$$12=□÷2, □=24$$

따라서 8+㉠=24, ㉠=16 cm입니다.

유제 **14** ㉯의 밑변을 □cm라 할 때 ㉮와 ㉯의 넓이의 비를 비례식으로 나타내면

10 : (□÷2)=5 : 3입니다.

$$⇨ 10×3=(□÷2)×5, 30=(□÷2)×5,$$
$$6=□÷2, □=12$$

㉲의 윗변과 아랫변의 길이의 합을 △ cm라 할 때 ㉯와 ㉲의 넓이의 비를 비례식으로 나타내면
12 : △=4 : 7입니다.
⇨ 12×7=△×4, 84=△×4, △=21
따라서 ㉠+12=21, ㉠=9 cm입니다.

유형 8 (1) 2+7=9(cm)
(2) 지수가 가는 실제 거리를 □ cm라 하여 비례식을 세우면 1 : 50000=9 : □입니다.
⇨ 1×□=50000×9, □=450000
따라서 지수가 가는 실제 거리는
450000 cm=4.5 km입니다.

유제 15 규현이가 지하철역에서 출발하여 수영장을 거쳐 주민 센터까지 가는 지도상의 거리는
3+8=11(cm)입니다.
규현이가 가는 실제 거리를 □ cm라 하여 비례식을 세우면 1 : 25000=11 : □입니다.
⇨ 1×□=25000×11, □=275000
따라서 규현이가 가는 실제 거리는
275000 cm=2.75 km입니다.

유제 16 ㉮ 마을에서 출발하여 ㉯ 마을을 거쳐 ㉲ 마을까지 가는 지도상의 거리가 20+14=34(cm)이므로 ㉯ 마을을 거쳐 가는 길과 바로 가는 길의 지도상의 거리의 차는 34−27=7(cm)입니다.
실제 거리의 차를 □ cm라 하여 비례식을 세우면 1 : 20000=7 : □입니다.
⇨ 1×□=20000×7, □=140000
따라서 실제 거리의 차는
140000 cm=1.4 km입니다.

상위권 문제 확인과 응용   76~79쪽

1 예 13 : 10		**2** 18, 48	
3 10000원		**4** 풀이 참조, 40번	
5 36개		**6** 324 cm²	
7 풀이 참조, 21 km		**8** 90 cm²	
9 960만 원		**10** 4명	
11 2분		**12** 35 g	

1 전체 일의 양을 1이라 할 때 정우와 동생이 하루에 한 일의 양은 각각 $\frac{1}{20}$, $\frac{1}{26}$입니다.
⇨ (정우) : (동생)=$\frac{1}{20}$: $\frac{1}{26}$
$\frac{1}{20}$: $\frac{1}{26}$의 전항과 후항에 260을 곱하면 13 : 10이 됩니다.

2 어떤 두 수를 3×□, 8×□라 하면 두 수의 곱이 864이므로 3×□×8×□=864입니다.
⇨ 24×□×□=864, □×□=36, □=6
따라서 어떤 두 수는 3×6=18, 8×6=48입니다.

3 첫째가 먼저 가지고 남은 용돈은 전체의 $1-\frac{1}{4}=\frac{3}{4}$이므로 $30000×\frac{3}{4}=22500$(원)입니다.
따라서 셋째가 가진 용돈은
$22500×\frac{4}{5+4}=22500×\frac{4}{9}=10000$(원)입니다.

4 예 타율을 분수로 나타내면 $0.375=\frac{375}{1000}=\frac{3}{8}$이므로 8타수마다 안타를 3개 친 비율입니다.」❶
안타를 15개 쳤을 때 타수를 □번이라 하여 비례식을 세우면 3 : 8=15 : □이고 3×□=8×15,
3×□=120, □=40이므로 타수는 40번입니다.」❷

채점 기준	
❶ 야구 선수의 타율은 몇 타수마다 안타를 몇 개 친 비율인지 알아 보기	
❷ 타수는 몇 번인지 구하기	

5 (㉮의 1분 동안의 회전수)=162÷6=27(번)
(㉯의 1분 동안의 회전수)=147÷7=21(번)
(㉮의 회전수) : (㉯의 회전수)=27 : 21이므로
(㉮의 톱니 수) : (㉯의 톱니 수)=21 : 27입니다.
㉯의 톱니를 □개라 하여 비례식을 세우면
21 : 27=28 : □입니다.
⇨ 21×□=27×28, 21×□=756, □=36

6 삼각형 ㄱㄴㄹ과 삼각형 ㄱㄹㄷ의 높이가 같으므로
(삼각형 ㄱㄴㄹ의 넓이) : (삼각형 ㄱㄹㄷ의 넓이)
=5 : 7입니다.
삼각형 ㄱㄹㄷ의 넓이를 □ cm²라 하여 비례식을 세우면 5 : 7=135 : □입니다.
⇨ 5×□=7×135, 5×□=945, □=189
따라서 삼각형 ㄱㄴㄷ의 넓이는
135+189=324(cm²)입니다.

7 예 지하철로 간 거리를 1이라 하면

(버스로 간 거리) : (지하철로 간 거리)=$\frac{3}{7}$: 1이고

이 비의 전항과 후항에 7을 곱하면 3 : 7이 됩니다.」❶

따라서 정민이가 지하철로 간 거리는

$30 \times \frac{7}{3+7}=30 \times \frac{7}{10}=21$(km)입니다.」❷

채점 기준
❶ 버스로 간 거리와 지하철로 간 거리의 비 구하기
❷ 정민이가 지하철로 간 거리 구하기

8 $20\%=\frac{20}{100}=\frac{1}{5}$이므로

㉮$\times \frac{3}{7}$=㉯$\times \frac{1}{5}$ ⇨ ㉮ : ㉯=$\frac{1}{5}$: $\frac{3}{7}$입니다.

$\frac{1}{5}$: $\frac{3}{7}$의 전항과 후항에 35를 곱하면 7 : 15가 됩니다.

㉯의 넓이를 □cm²라 하여 비례식을 세우면

7 : 15=42 : □입니다.

⇨ 7×□=15×42, 7×□=630, □=90

9 (지우) : (현서)=240만 : 400만이고 이 비의 전항과 후항을 80만으로 나누면 3 : 5가 됩니다.

이익금이 80만 원일 때 지우가 얻는 이익금은

$80만 \times \frac{3}{3+5}=80만 \times \frac{3}{8}=30만$(원)입니다.

따라서 120만÷30만=4(배)이므로 이익금이 120만 원이 되려면 지우는 처음 투자한 금액의 4배인 240만×4=960만(원)을 투자해야 합니다.

10 이번 달 남학생 수는

$221 \times \frac{9}{9+8}=221 \times \frac{9}{17}=117$(명)이고,

여학생 수는 221-117=104(명)입니다.

지난달 여학생 수를 □명이라 하여 비례식을 세우면

13 : 12=117 : □입니다.

⇨ 13×□=12×117, 13×□=1404,
□=108

따라서 전학을 간 여학생은 108-104=4(명)입니다.

11 ㉮ 모래시계의 모래가 다 떨어지는 데 걸리는 시간을 □분이라 하여 비례식을 세우면

1 : 9=□ : 27입니다.

⇨ 1×27=9×□, 9×□=27, □=3

㉯ 모래시계의 모래가 다 떨어지는 데 걸리는 시간을 △분이라 하여 비례식을 세우면

3 : 31.2=△ : 52입니다.

⇨ 3×52=31.2×△, 31.2×△=156, △=5

따라서 ㉮ 모래시계와 ㉯ 모래시계의 모래가 다 떨어지는 데 걸리는 시간의 차는 5-3=2(분)입니다.

12 (초록색 물감을 만드는 데 사용한 노란색 물감의 양)

$=35 \times \frac{4}{4+3}=35 \times \frac{4}{7}=20$(g)

(주황색 물감을 만드는 데 사용한 노란색 물감의 양)

$=36 \times \frac{5}{5+7}=36 \times \frac{5}{12}=15$(g)

따라서 수지가 초록색 물감과 주황색 물감을 만드는 데 사용한 노란색 물감은 모두 20+15=35(g)입니다.

최상위권 문제		80~81쪽
1 90 L		**2** 184 m
3 1200원		**4** 8 m
5 35 cm		**6** 3시간 12분

1 비법 PLUS⁺
(1분 동안 수조에 차는 물의 양)
=(1분 동안 수도꼭지에서 나오는 물의 양)
−(1분 동안 수조에서 구멍으로 새는 물의 양)

(1분 동안 나오는 물의 양)=20÷2=10(L)

1분 동안 수조에서 구멍으로 새는 물의 양을 □L라 하여 비례식을 세우면 5 : 2=10 : □입니다.

⇨ 5×□=2×10, 5×□=20, □=4

(1분 동안 수조에 차는 물의 양)=10-4=6(L)

따라서 15분 후 이 수조에 들어 있는 물은

6×15=90(L)입니다.

2 비법 PLUS⁺
(기차가 터널을 완전히 통과하는 데 지나는 거리)=(터널의 길이)+(기차의 길이)

기차가 터널을 완전히
통과하는 데 지나는 거리

기차의 길이를 □m라 하면 ㉮ 터널을 완전히 통과하는 데 지나는 거리는 (200+□) m이고, ㉯ 터널을 완전히 통과하는 데 지나는 거리는 (920+□) m이므로 비례식을 세우면

8 : (200+□)=23 : (920+□)입니다.

⇨ 8×(920+□)=(200+□)×23,

7360+8×□=4600+23×□,

15×□=2760, □=184

3 비법 PLUS⁺ 먼저 선우가 가지고 있는 돈과 혜린이가 가지고 있는 돈의 비를 구합니다.

(선우가 가지고 있는 돈)×$\frac{1}{4}$

=(혜린이가 가지고 있는 돈)×$\frac{2}{7}$

⇨ (선우가 가지고 있는 돈) : (혜린이가 가지고 있는 돈)

$=\frac{2}{7} : \frac{1}{4}$

$\frac{2}{7} : \frac{1}{4}$의 전항과 후항에 28을 곱하면 8 : 7이 됩니다.

선우가 가지고 있는 돈을 (8×□)원, 혜린이가 가지고 있는 돈을 (7×□)원이라 하면

8×□−7×□=600, □=600이므로 선우가 가지고 있는 돈은 8×600=4800(원)입니다.

따라서 과자의 가격은 $4800×\frac{1}{4}=1200$(원)입니다.

4 비법 PLUS⁺ 막대의 길이가 1일 때 물 위에 나온 막대의 길이가 $\frac{1}{■}$이라면 물속에 있는 막대의 길이는 $1-\frac{1}{■}$입니다.

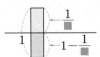

두 막대를 각각 ㉮, ㉯라 하면 두 막대가 물에 잠긴 부분의 길이는 ㉮의 길이의 $\frac{2}{3}$, ㉯의 길이의 $\frac{4}{5}$입니다.

저수지의 깊이는 일정하므로 $㉮×\frac{2}{3}=㉯×\frac{4}{5}$

⇨ $㉮ : ㉯=\frac{4}{5} : \frac{2}{3}$입니다.

$\frac{4}{5} : \frac{2}{3}$의 전항과 후항에 15를 곱하면 12 : 10이 되고, 12 : 10의 전항과 후항을 2로 나누면 6 : 5가 됩니다.

$(㉮의 길이)=22×\frac{6}{6+5}=22×\frac{6}{11}=12$(m)

따라서 저수지의 깊이는 ㉮ 막대가 물에 잠긴 부분의 길이와 같으므로 $12×\frac{2}{3}=8$(m)입니다.

5 비법 PLUS⁺ 선분 ㄱㄷ, 선분 ㄱㄹ, 선분 ㄹㄷ의 길이는 각각 선분 ㄱㄴ의 길이의 얼마인지 알아봅니다.

선분 ㄱㄷ의 길이는 선분 ㄱㄴ의 길이의 $\frac{5}{5+3}=\frac{5}{8}$, 선분 ㄱㄹ의 길이는 선분 ㄱㄴ의 길이의 $\frac{9}{9+7}=\frac{9}{16}$입니다.

선분 ㄹㄷ의 길이는 선분 ㄱㄴ의 길이의 $\frac{5}{8}-\frac{9}{16}=\frac{1}{16}$이고 5 cm이므로 선분 ㄱㄴ의 길이는 5×16=80(cm)입니다.

따라서 선분 ㄹㄴ의 길이는 $80×\frac{7}{9+7}=80×\frac{7}{16}=35$(cm)입니다.

다른 풀이

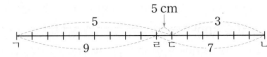

(선분 ㄱㄷ) : (선분 ㄷㄴ)=5 : 3 ⇨ 10 : 6,

(선분 ㄱㄹ) : (선분 ㄹㄴ)=9 : 7이므로

(선분 ㄹㄷ) : (선분 ㄹㄴ)=1 : 7입니다.

선분 ㄹㄴ의 길이를 □cm라 하여 비례식을 세우면

1 : 7=5 : □ ⇨ 1×□=7×5, □=35입니다.

6 비법 PLUS⁺ (밭 ㉮와 ㉯를 일구는 데 걸리는 시간의 비) =(밭 ㉮와 ㉯의 넓이의 비)

㉮의 가로를 3, 세로를 5라 하면 둘레는 (3+5)×2=16이므로 ㉯의 둘레도 16입니다.

이때, ㉯의 가로는 $(16÷2)×\frac{1}{1+3}=8×\frac{1}{4}=2$이고 세로는 $(16÷2)×\frac{3}{1+3}=8×\frac{3}{4}=6$입니다.

㉮와 ㉯를 일구는 데 걸리는 시간의 비는 ㉮와 ㉯의 넓이의 비와 같으므로 ㉯를 일구는 데 걸리는 시간을 □시간이라 하여 비례식을 세우면

(3×5) : (2×6)=4 : □, 15 : 12=4 : □입니다.

⇨ 15×□=12×4, 15×□=48, □=3.2

따라서 3.2시간은 3시간 12분이므로 ㉯를 일구는 데 걸리는 시간은 3시간 12분입니다.

⑤ 원의 넓이

1 ㉢	**2** 20 cm
3 3.14, 3.142	**4** 27000 cm
5 30 cm	**6** 민희

1 ㉢ 원주율은 원의 크기와 상관없이 일정합니다.

2 (지름)=62÷3.1=20(cm)

3 56.55÷18=3.1416……
- 3.1416……을 반올림하여 소수 둘째 자리까지 나타내면 3.14입니다.
- 3.1416……을 반올림하여 소수 셋째 자리까지 나타내면 3.142입니다.

4 (바퀴 자가 한 바퀴 돈 거리)=60×3=180(cm)
⇨ (집에서 은행까지의 거리)
   =(바퀴 자가 150바퀴 돈 거리)
   =180×150=27000(cm)

5 (뒷바퀴의 둘레)=94.2×2=188.4(cm)
⇨ (뒷바퀴의 반지름)=188.4÷3.14÷2=30(cm)

6 민희의 훌라후프의 원주는 310 cm이고 영우의 훌라후프의 원주는 84×3.1=260.4(cm)입니다. 따라서 원주를 비교하면 310 cm>260.4 cm이므로 민희의 훌라후프가 더 큽니다.

1 28.26 m²	**2** 예 189 cm²
3 310 cm²	**4** ㉢, ㉡, ㉠
5 113.04 cm²	**6** 37.2 cm²

1 (꽃밭의 반지름)=6÷2=3(m)
⇨ (꽃밭의 넓이)=3×3×3.14=28.26(m²)

2 (원 안의 정육각형의 넓이)
   =(삼각형 ㄹㅇㅂ의 넓이)×6
   =27×6=162(cm²)
(원 밖의 정육각형의 넓이)
   =(삼각형 ㄱㅇㄷ의 넓이)×6
   =36×6=216(cm²)
⇨ 원의 넓이는 162 cm²보다 넓고 216 cm²보다 좁으므로 189 cm²라고 어림할 수 있습니다.

3 직사각형의 가로가 38 cm, 세로가 20 cm일 때 만들 수 있는 가장 큰 원의 지름은 길이가 더 짧은 쪽인 직사각형의 세로와 같으므로 20 cm입니다.
⇨ 만들 수 있는 가장 큰 원의 넓이는
   10×10×3.1=310(cm²)입니다.

4 ㉠ (원의 넓이)=5×5×3=75(cm²)
㉡ (원의 넓이)=6×6×3=108(cm²)
⇨ 147 cm²>108 cm²>75 cm²이므로 넓이가 넓은 원부터 차례대로 기호를 쓰면 ㉢, ㉡, ㉠입니다.

> **다른 풀이** 반지름이 길수록 원의 넓이가 넓습니다.
> ㉠ 5 cm   ㉡ 12÷2=6(cm)
> ㉢ 147÷3=49이므로 반지름은 7 cm입니다.
> ⇨ ㉢>㉡>㉠

5 (반지름)=37.68÷3.14÷2=6(cm)
⇨ (원의 넓이)=6×6×3.14=113.04(cm²)

6 • (빨간색 원의 반지름)=4÷2=2(cm)
• (빨간색과 파란색을 합한 원의 반지름)
   =2+2=4(cm)
⇨ (파란색 부분의 넓이)
   =(빨간색과 파란색을 합한 원의 넓이)
    −(빨간색 원의 넓이)
   =4×4×3.1−2×2×3.1
   =49.6−12.4=37.2(cm²)

유형 ① (1) 210 cm (2) 70 cm	
유제 1 16 cm	유제 2 풀이 참조, 4바퀴
유형 ② (1) 49.6 cm / 64 cm (2) 113.6 cm	
유제 3 126 cm	유제 4 186.92 cm
유형 ③ (1) 15 cm / 20 cm (2) 35 cm	
유제 5 15.3 cm	유제 6 18.84 cm
유형 ④ (1) 12.56 cm² (2) 12.56 cm²	
유제 7 158.1 cm²	유제 8 풀이 참조, 46 cm²
유형 ⑤ (1) (왼쪽에서부터) 31, 5 (2) 387.5 cm²	
유제 9 1911 cm²	유제 10 401.04 cm²
유형 ⑥ (1) 45 m / 55.8 m (2) 10.8 m	
유제 11 12.4 m	

유형 ① (1) (굴렁쇠를 한 바퀴 굴렸을 때 굴러간 거리)
   =1050÷5=210(cm)
(2) (굴렁쇠의 지름)=210÷3=70(cm)

유제 1 (접시를 한 바퀴 굴렸을 때 굴러간 거리)
$=401.92 \div 8 = 50.24$(cm)
⇨ (접시의 지름)$=50.24 \div 3.14 = 16$(cm)

유제 2 예 홀라후프를 한 바퀴 굴렸을 때 굴러간 거리는
$25 \times 2 \times 3.1 = 155$(cm)입니다. ❶
따라서 홀라후프를 $620 \div 155 = 4$(바퀴) 굴렸습니다. ❷

채점 기준
❶ 홀라후프를 한 바퀴 굴렸을 때 굴러간 거리 구하기
❷ 홀라후프를 몇 바퀴 굴렸는지 구하기

유형 2 (1) • 곡선 부분에 사용한 끈의 길이의 합은 반지름이 8 cm인 원의 원주와 같습니다.
⇨ (곡선 부분에 사용한 끈의 길이의 합)
$= 8 \times 2 \times 3.1 = 49.6$(cm)
• 직선 부분에 사용한 끈의 길이의 합은 원의 반지름의 8배와 같습니다.
⇨ (직선 부분에 사용한 끈의 길이의 합)
$= 8 \times 8 = 64$(cm)
(2) (사용한 끈의 길이)
$=$(곡선 부분에 사용한 끈의 길이의 합)
$+$(직선 부분에 사용한 끈의 길이의 합)
$= 49.6 + 64 = 113.6$(cm)

유제 3

9 cm

• $90° + 90° + 90° + 90° = 360°$이므로 곡선 부분에 사용한 끈의 길이의 합은 반지름이 9 cm인 원의 원주와 같습니다.
• 직선 부분에 사용한 끈의 길이의 합은 원의 반지름의 8배와 같습니다.
⇨ (사용한 끈의 길이)
$=$(곡선 부분에 사용한 끈의 길이의 합)
$+$(직선 부분에 사용한 끈의 길이의 합)
$= 9 \times 2 \times 3 + 9 \times 8 = 54 + 72 = 126$(cm)

유제 4
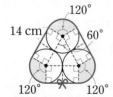
120°
14 cm
60°
120°   120°

• $120° + 120° + 120° = 360°$이므로 곡선 부분에 사용한 끈의 길이의 합은 반지름이 14 cm인 원의 원주와 같습니다.

• 직선 부분에 사용한 끈의 길이의 합은 원의 반지름의 6배와 같습니다.
⇨ (사용한 끈의 길이)
$=$(곡선 부분에 사용한 끈의 길이의 합)
$+$(직선 부분에 사용한 끈의 길이의 합)
$+$(매듭으로 사용한 끈의 길이)
$= 14 \times 2 \times 3.14 + 14 \times 6 + 15$
$= 87.92 + 84 + 15 = 186.92$(cm)

유형 3 (1) • 곡선 부분 2개를 이어 붙인 길이는 반지름이 5 cm인 원의 원주의 $\frac{1}{2}$과 같습니다.
⇨ (곡선 부분의 길이의 합)
$= 5 \times 2 \times 3 \times \frac{1}{2} = 15$(cm)
• (직선 부분의 길이의 합)$= 5 \times 4 = 20$(cm)
(2) (색칠한 부분의 둘레)
$=$(곡선 부분의 길이의 합)
$+$(직선 부분의 길이의 합)
$= 15 + 20 = 35$(cm)

유제 5
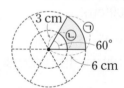
3 cm   ㉡ ㉠   60°
6 cm

• 곡선 부분의 길이는 각각 반지름이 6 cm인 원과 반지름이 3 cm인 원의 원주의 $\frac{60°}{360°} = \frac{1}{6}$과 같습니다.
→ (곡선 부분의 길이의 합)
$= \underbrace{6 \times 2 \times 3.1 \times \frac{1}{6}}_{㉠} + \underbrace{3 \times 2 \times 3.1 \times \frac{1}{6}}_{㉡}$
$= 6.2 + 3.1 = 9.3$(cm)
• (직선 부분의 길이의 합)$= 3 + 3 = 6$(cm)
⇨ (색칠한 부분의 둘레)
$=$(곡선 부분의 길이의 합)
$+$(직선 부분의 길이의 합)
$= 9.3 + 6 = 15.3$(cm)

유제 6 색칠한 부분의 둘레는 반지름이 4 cm인 원의 원주의 $\frac{1}{4}$과 지름이 4 cm인 원의 원주의 합과 같습니다.
• (반지름이 4 cm인 원의 원주의 $\frac{1}{4}$)
$= 4 \times 2 \times 3.14 \times \frac{1}{4} = 6.28$(cm)

- (지름이 4 cm인 원의 원주)
  $=4\times3.14=12.56(\text{cm})$
- ⇨ (색칠한 부분의 둘레)
  $$=\left(\text{반지름이 4 cm인 원의 원주의 }\frac{1}{4}\right)$$
  $$+(\text{지름이 4 cm인 원의 원주})$$
  $$=6.28+12.56=18.84(\text{cm})$$

유형 ④ (1) (색칠하지 않은 부분의 넓이의 합)
$=$(반지름이 2 cm인 원의 넓이)
$=2\times2\times3.14=12.56(\text{cm}^2)$

(2) (색칠한 부분의 넓이)
$$=\left(\text{반지름이 4 cm인 원의 넓이의 }\frac{1}{2}\right)$$
$$-(\text{색칠하지 않은 부분의 넓이의 합})$$
$$=4\times4\times3.14\times\frac{1}{2}-12.56$$
$$=25.12-12.56=12.56(\text{cm}^2)$$

유제 7 색칠하지 않은 부분의 일부분을 옮겨 모으면 오른쪽 그림과 같습니다.

⇨ (색칠한 부분의 넓이)
$=$(반지름이 10 cm인 원의 넓이)
$\quad-$(반지름이 7 cm인 원의 넓이)
$=10\times10\times3.1-7\times7\times3.1$
$=310-151.9=158.1(\text{cm}^2)$

유제 8 예 정사각형의 한 변의 길이는 $6+8=14(\text{cm})$ 이므로 정사각형의 넓이는 $14\times14=196(\text{cm}^2)$ 입니다. ❶

색칠하지 않은 부분의 넓이의 합은 반지름이 6 cm인 원의 넓이의 $\frac{1}{2}$과 반지름이 8 cm인 원의 넓이의 $\frac{1}{2}$의 합이므로

$6\times6\times3\times\dfrac{1}{2}+8\times8\times3\times\dfrac{1}{2}$

$=54+96=150(\text{cm}^2)$입니다. ❷

따라서 색칠한 부분의 넓이는
$196-150=46(\text{cm}^2)$입니다. ❸

채점 기준
❶ 정사각형의 넓이 구하기
❷ 색칠하지 않은 부분의 넓이의 합 구하기
❸ 색칠한 부분의 넓이 구하기

유형 ⑤

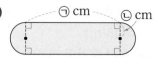

(1) • (㉠의 길이)$=$(원의 원주)
  $$=5\times2\times3.1=31(\text{cm})$$
  • (㉡의 길이)$=$(원의 반지름)$=5\text{ cm}$

(2) • (직사각형의 넓이)$=31\times10=310(\text{cm}^2)$
  • (반원 2개의 넓이의 합)
  $=$(반지름이 5 cm인 원의 넓이)
  $=5\times5\times3.1=77.5(\text{cm}^2)$
  ⇨ (원이 지나간 자리의 넓이)
  $=$(직사각형의 넓이)
  $\quad+$(반원 2개의 넓이의 합)
  $=310+77.5=387.5(\text{cm}^2)$

유제 9 원이 지나간 자리는 그림과 같습니다.

- 직사각형의 가로는
  (원의 원주)$\times3=7\times2\times3\times3=126(\text{cm})$이고,
  직사각형의 세로는
  (원의 반지름)$\times2=7\times2=14(\text{cm})$이므로 직사각형의 넓이는 $126\times14=1764(\text{cm}^2)$입니다.
- 반원 2개의 넓이의 합은 반지름이 7 cm인 원의 넓이와 같으므로 $7\times7\times3=147(\text{cm}^2)$입니다.
- ⇨ (원이 지나간 자리의 넓이)
  $=$(직사각형의 넓이)$+$(반원 2개의 넓이의 합)
  $=1764+147=1911(\text{cm}^2)$

유제 10 원이 지나간 자리는 그림과 같습니다.

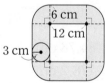

- (직사각형 4개의 넓이의 합)
  $=12\times6\times4=288(\text{cm}^2)$
- $90°+90°+90°+90°=360°$이므로 원의 일부분 4개를 모으면 반지름이 6 cm인 원이 됩니다.
  (원의 일부분 4개의 넓이의 합)
  $=$(반지름이 6 cm인 원의 넓이)
  $=6\times6\times3.14=113.04(\text{cm}^2)$
- ⇨ (원이 지나간 자리의 넓이)
  $=$(직사각형 4개의 넓이의 합)
  $\quad+$(원의 일부분 4개의 넓이의 합)
  $=288+113.04=401.04(\text{cm}^2)$

유형 ⑥ (1) (1번 경주로의 한쪽 곡선 구간의 거리)
$=30 \times 3 \div 2 = 45$(m)
(4번 경주로의 곡선 구간의 지름)
$=30 + 1.2 \times 3 \times 2$
$=30 + 7.2 = 37.2$(m)
(4번 경주로의 한쪽 곡선 구간의 거리)
$=37.2 \times 3 \div 2 = 55.8$(m)

(2) 공정한 경기를 하려면 4번 경주로에서 달리는 사람은 1번 경주로에서 달리는 사람보다 $55.8 - 45 = 10.8$(m) 더 앞에서 출발하면 됩니다.

유제 11 경주로의 폭이 4 m 차이가 있으므로 바깥쪽 경주로의 곡선 구간의 지름은
$52 + 4 \times 2 = 52 + 8 = 60$(m)입니다.
• (지호가 도는 한쪽 곡선 구간의 거리)
$=52 \times 3.1 \div 2 = 80.6$(m)
• (경세가 도는 한쪽 곡선 구간의 거리)
$=60 \times 3.1 \div 2 = 93$(m)
따라서 공정한 경기를 하려면 경세는 지호보다 $93 - 80.6 = 12.4$(m) 더 앞에서 출발하면 됩니다.

상위권 문제 확인과 응용　94~97쪽

1 324 m	**2** 84.78 cm^2
3 풀이 참조, 94 cm	**4** 178.2 cm^2
5 37.68 cm	**6** 풀이 참조, 32 cm
7 94 cm	**8** 252.84 cm^2
9 108 cm^2	**10** 510 cm^2
11 351.68 cm^2	**12** 37.2 cm

1 운동장의 둘레는 직선 구간과 곡선 구간의 거리의 합으로 구할 수 있습니다.
(직선 구간의 거리의 합) $=50 \times 2 = 100$(m)
(곡선 구간의 거리의 합) $=20 \times 3.1 = 62$(m)
⇨ (도희가 달린 거리)
$=$(운동장의 둘레) $\times 2$
$=(100 + 62) \times 2 = 162 \times 2 = 324$(m)

2 4개의 원에서 색칠하지 않은 부분의 넓이의 합은 원 한 개의 넓이와 같습니다.
⇨ (색칠한 부분의 넓이)
$=$(원 4개의 넓이의 합) $-$ (원 한 개의 넓이)
$=$(원 3개의 넓이의 합)
$=3 \times 3 \times 3.14 \times 3 = 84.78$(cm^2)

3 ❹ 색칠한 부분에서 직선 부분의 길이의 합은 직사각형의 가로 1개, 세로 2개의 길이의 합과 같으므로
$14 \times 2 + 12 \times 2 = 28 + 24 = 52$(cm)입니다. ❶
색칠한 부분에서 곡선 부분의 길이의 합은 반지름이 14 cm인 원의 원주의 $\frac{1}{2}$과 같으므로
$14 \times 2 \times 3 \times \frac{1}{2} = 42$(cm)입니다. ❷
따라서 색칠한 부분의 둘레는 $52 + 42 = 94$(cm)입니다. ❸

채점 기준	
❶ 색칠한 부분에서 직선 부분의 길이의 합 구하기	
❷ 색칠한 부분에서 곡선 부분의 길이의 합 구하기	
❸ 색칠한 부분의 둘레 구하기	

4 오른쪽 그림과 같이 원 안에 마름모 ㄱㄴㄷㄹ을 그리면 색칠한 부분의 넓이는 원의 넓이에서 마름모 ㄱㄴㄷㄹ의 넓이를 뺀 넓이의 2배입니다.

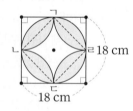

⇨ (색칠한 부분의 넓이)
$=(9 \times 9 \times 3.1 - 18 \times 18 \div 2) \times 2$
$=(251.1 - 162) \times 2 = 89.1 \times 2 = 178.2$(cm^2)

5
그림과 같이 정사각형을 접었을 때 생기는 직각삼각형은 밑변의 길이가 3 cm, 높이가 $18 - 3 = 15$(cm)입니다.
(가장 작은 정사각형의 한 변의 길이)
$=15 - 3 = 12$(cm)
따라서 원의 지름은 가장 작은 정사각형의 한 변의 길이와 같으므로 가장 작은 정사각형 안에 들어갈 수 있는 가장 큰 원의 원주는
$12 \times 3.14 = 37.68$(cm)입니다.

6 겹쳐진 부분의 넓이는 원의 넓이의 $\frac{1}{4}$이므로

$16 \times 16 \times 3 \times \frac{1}{4} = 192(\text{cm}^2)$입니다. ❶

직사각형의 넓이는

$192 \div \frac{3}{8} = 192 \times \frac{8}{3} = 512(\text{cm}^2)$입니다. ❷

따라서 직사각형의 세로는 원의 반지름과 같으므로
가로는 $512 \div 16 = 32(\text{cm})$입니다. ❸

채점 기준
❶ 겹쳐진 부분의 넓이 구하기
❷ 직사각형의 넓이 구하기
❸ 직사각형의 가로 구하기

7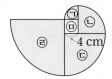

㉠, ㉡, ㉢, ㉣은 각각 원의 $\frac{1}{4}$이고,
㉡의 반지름은 $4+4=8(\text{cm})$,
㉢의 반지름은 $8+4=12(\text{cm})$,
㉣의 반지름은 $12+4=16(\text{cm})$입니다.

⇨ (색칠한 부분의 둘레)

$$= \underbrace{4 \times 2 \times 3.1 \times \frac{1}{4}}_{\text{㉠의 곡선}} + \underbrace{8 \times 2 \times 3.1 \times \frac{1}{4}}_{\text{㉡의 곡선}}$$

$$+ \underbrace{12 \times 2 \times 3.1 \times \frac{1}{4}}_{\text{㉢의 곡선}} + \underbrace{16 \times 2 \times 3.1 \times \frac{1}{4}}_{\text{㉣의 곡선}}$$

$$+ \underbrace{16}_{\text{㉣의 직선 한 부분}} + \underbrace{4 \times 4}_{\text{㉤의 둘레}}$$

$$= 6.2 + 12.4 + 18.6 + 24.8 + 16 + 16$$

$$= 94(\text{cm})$$

8 원의 지름이 $43.96 \div 3.14 = 14(\text{cm})$이므로 원의 반지름은 $14 \div 2 = 7(\text{cm})$입니다.

(원 6개의 넓이의 합)
$= 7 \times 7 \times 3.14 \times 6 = 923.16(\text{cm}^2)$

(직사각형의 넓이)
$=$ (원의 지름의 3배) $\times$ (원의 지름의 2배)
$= 42 \times 28 = 1176(\text{cm}^2)$

⇨ (색칠하지 않은 부분의 넓이)
$=$ (직사각형의 넓이) $-$ (원 6개의 넓이의 합)
$= 1176 - 923.16 = 252.84(\text{cm}^2)$

9 원이 지나간 자리는 그림과 같습니다.

• 직사각형의 가로는 $3 \times 8 = 24(\text{cm})$이고, 직사각형의 세로는 $2 \times 2 = 4(\text{cm})$이므로 직사각형의 넓이는 $24 \times 4 = 96(\text{cm}^2)$입니다.

• 반원 2개의 넓이의 합은 반지름이 $2\ \text{cm}$인 원의 넓이와 같으므로 $2 \times 2 \times 3 = 12(\text{cm}^2)$입니다.

⇨ (원이 지나간 자리의 넓이)
$=$ (직사각형의 넓이) $+$ (반원 2개의 넓이의 합)
$= 96 + 12 = 108(\text{cm}^2)$

10

원을 8등분하였으므로
(각 ㄱㅇㄴ) $= 360° \div 8 \times 2 = 90°$,
(각 ㄴㅇㄷ) $= 360° \div 8 \times 2 = 90°$입니다.

⇨ (색칠한 부분의 넓이)

$$= \left(\text{원의 넓이의 } \frac{1}{4}\right) + (\text{삼각형 ㄴㅇㄷ의 넓이})$$

$$= 20 \times 20 \times 3.1 \times \frac{1}{4} + 20 \times 20 \div 2$$

$$= 310 + 200 = 510(\text{cm}^2)$$

11 • (7점부터 10점까지 얻을 수 있는 원의 반지름)
$= (8+8+8+8) \div 2 = 16(\text{cm})$

• (8점부터 10점까지 얻을 수 있는 원의 반지름)
$= (8+8+8) \div 2 = 12(\text{cm})$

⇨ (7점을 얻을 수 있는 부분의 넓이)
$=$ (7점부터 10점까지 얻을 수 있는 원의 넓이)
$\quad -$ (8점부터 10점까지 얻을 수 있는 원의 넓이)
$= 16 \times 16 \times 3.14 - 12 \times 12 \times 3.14$
$= 803.84 - 452.16 = 351.68(\text{cm}^2)$

12 파란색 부분의 넓이는 태극 문양의 넓이의 $\frac{1}{2}$입니다.

태극 문양의 반지름을 □ cm라 하면

$\square \times \square \times 3.1 \times \frac{1}{2} = 55.8$, $\square \times \square \times 3.1 = 111.6$,

$\square \times \square = 36$, $\square = 6$입니다.

⇨ (파란색 부분의 둘레)

$$= \left(\text{반지름이 } 6\ \text{cm인 원의 원주의 } \frac{1}{2}\right)$$

$$+ (\text{반지름이 } 3\ \text{cm인 원의 원주})$$

$$= 6 \times 2 \times 3.1 \times \frac{1}{2} + 3 \times 2 \times 3.1$$

$$= 18.6 + 18.6 = 37.2(\text{cm})$$

1 31번   **2** 31.4 cm

3 3배   **4** 12.56 cm

5 41.6 cm^2 **6** 246.75 m^2

1

> **비법 PLUS** 반지름의 비가 ■ : ▲이면 원주의 비도
> ■ : ▲이므로 작은 바퀴가 ▲번 회전하는 동안 큰 바퀴는
> ■번 회전합니다.

두 바퀴의 반지름의 비가 15 : 20이면 원주의 비도
15 : 20이므로 작은 바퀴가 20번 회전하는 동안 큰
바퀴는 15번 회전합니다. 작은 바퀴의 회전수를
(20×□)번, 큰 바퀴의 회전수를 (15×□)번이라
하면 20×□+15×□=140, 35×□=140,
□=4이므로 작은 바퀴는 20×4=80(번), 큰 바퀴
는 15×4=60(번) 회전한 것입니다.
큰 바퀴가 60번 회전할 때 움직인 벨트의 길이는
20×2×3.1×60=7440(cm)입니다.
따라서 2.4 m=240 cm이므로 벨트의 회전수는
7440÷240=31(번)입니다.

2

(①의 넓이)+(②의 넓이)

$=\left(\text{반지름이 40 cm인 원의 넓이의 }\dfrac{1}{4}\right)$,

(②의 넓이)+(③의 넓이)=(직사각형의 넓이)이고,
(①의 넓이)=(③의 넓이)이므로
(직사각형의 넓이)

$=\left(\text{반지름이 40 cm인 원의 넓이의 }\dfrac{1}{4}\right)$입니다.

따라서 (선분 ㄱㄴ)=□ cm라 하면

$40×□=40×40×3.14×\dfrac{1}{4}$, 40×□=1256,

□=31.4입니다.

3

> **비법 PLUS** 가장 큰 원의 지름을 임의로 정하여 ㉮의 넓
> 이, ㉯의 넓이를 각각 구하여 몇 배인지 알아봅니다. 이때,
> 선분 ㄱㄴ과 선분 ㄴㄷ의 길이의 비가 2 : 1이므로 가장
> 큰 원의 지름을 6의 배수로 정하는 것이 편리합니다.

가장 큰 원의 지름을 12 cm라 하면

$(\text{선분 ㄱㄴ})=12÷2×\dfrac{2}{3}=4\,(\text{cm})$,

$(\text{선분 ㄴㄷ})=12÷2×\dfrac{1}{3}=2\,(\text{cm})$입니다.

· $(\text{㉮의 넓이})=\left(\text{반지름이 6 cm인 원의 넓이의 }\dfrac{1}{2}\right)$

$=6×6×3×\dfrac{1}{2}=54\,(\text{cm}^2)$

· $(\text{㉯의 넓이})=\left(\text{반지름이 1 cm인 원의 넓이의 }\dfrac{1}{2}\right)$

$+\left(\text{반지름이 6 cm인 원의 넓이의 }\dfrac{1}{2}\right)$

$-\left(\text{반지름이 5 cm인 원의 넓이의 }\dfrac{1}{2}\right)$

$=1×1×3×\dfrac{1}{2}+6×6×3×\dfrac{1}{2}$

$-5×5×3×\dfrac{1}{2}$

$=1.5+54-37.5=18\,(\text{cm}^2)$

⇨ (㉮의 넓이)÷(㉯의 넓이)=54÷18=3(배)

다른 풀이 (선분 ㄴㄷ)=(□×2) cm라 하면
(선분 ㄱㄴ)=(□×4) cm, (선분 ㄱㄷ)=(□×6) cm입니다.

· $(\text{㉮의 넓이})=(□×6)×(□×6)×3×\dfrac{1}{2}$

$=(□×□×54)\,(\text{cm}^2)$

· $(\text{㉯의 넓이})=□×□×3×\dfrac{1}{2}$

$+(□×6)×(□×6)×3×\dfrac{1}{2}$

$-(□×5)×(□×5)×3×\dfrac{1}{2}$

$=(□×□×18)\,(\text{cm}^2)$

⇨ (㉮의 넓이)÷(㉯의 넓이)
$=(□×□×54)÷(□×□×18)=3(\text{배})$

4

> **비법 PLUS** 원의 중심에서 직각삼각형의 꼭짓점에 선분
> 을 그어 보면 삼각형의 넓이를 이용하여 원의 반지름을 구
> 할 수 있습니다.

(삼각형 ㄱㄴㄷ의 넓이)=6×8÷2=24 (cm^2)
(삼각형 ㄱㄴㄷ의 넓이)
=(삼각형 ㅇㄱㄴ의 넓이)+(삼각형 ㅇㄴㄷ의 넓이)
+(삼각형 ㅇㄷㄱ의 넓이)

원의 반지름을 □cm라 하면

$10 \times □ \div 2 + 6 \times □ \div 2 + 8 \times □ \div 2 = 24,$

$5 \times □ + 3 \times □ + 4 \times □ = 24, 12 \times □ = 24,$

□=2입니다. 따라서 직각삼각형 안에 그린 원의 원주는 $2 \times 2 \times 3.14 = 12.56$(cm)입니다.

5 **비법 PLUS** ㉮와 ㉯의 넓이를 구할 수 없으므로 넓이가 같은 ㉲와 ㉳를 ㉯와 ㉮에 각각 더한 다음 ㉮와 ㉯의 넓이의 차를 구합니다.

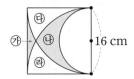

(㉲의 넓이)=(㉳의 넓이)이므로

(㉯의 넓이)−(㉮의 넓이)

=(㉯와 ㉲의 넓이의 합)−(㉮와 ㉳의 넓이의 합)입니다.

⇨ (㉯의 넓이)−(㉮의 넓이)

$$= \left(16 \times 16 \times 3.1 \times \frac{1}{4} - 8 \times 8 \times 3.1 \times \frac{1}{2} \right)$$
$$- \left(16 \times 16 - 16 \times 16 \times 3.1 \times \frac{1}{4} \right)$$
$$= (198.4 - 99.2) - (256 - 198.4)$$
$$= 99.2 - 57.6 = 41.6 (cm^2)$$

6 **비법 PLUS** 양이 묶인 꼭짓점을 원의 중심으로, 끈의 길이를 반지름으로 하는 원의 일부분만큼 움직일 수 있습니다. 또한 울타리의 한 변을 따라 꺾이는 부분에서도 원의 일부분만큼 움직일 수 있습니다.

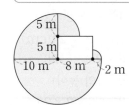

양이 움직일 수 있는 범위는 왼쪽 그림에서 색칠한 부분입니다.

⇨ (양이 움직일 수 있는 범위의 넓이)

$$= \left(반지름이\ 10\ m인\ 원의\ 넓이의\ \frac{3}{4} \right)$$
$$+ \left(반지름이\ 5\ m인\ 원의\ 넓이의\ \frac{1}{4} \right)$$
$$+ \left(반지름이\ 2\ m인\ 원의\ 넓이의\ \frac{1}{4} \right)$$
$$= 10 \times 10 \times 3 \times \frac{3}{4} + 5 \times 5 \times 3 \times \frac{1}{4}$$
$$+ 2 \times 2 \times 3 \times \frac{1}{4}$$
$$= 225 + 18.75 + 3 = 246.75 (m^2)$$

❻ 원기둥, 원뿔, 구

핵심 개념과 문제 **103쪽**

1 다, 마 / 가 / 라   **2** 2 cm

3 8 cm   **4** 원뿔

5 14 cm   **6** 4 cm

3 반원 모양의 종이를 지름을 기준으로 한 바퀴 돌렸을 때 만들어지는 입체도형은 구입니다.

⇨ (구의 반지름)=16÷2=8(cm)

4 위에서 본 모양이 원이고, 앞과 옆에서 본 모양이 삼각형인 입체도형은 원뿔입니다.

5 밑면의 지름은 $7 \times 2 = 14$(cm)이고, 앞에서 본 모양이 정사각형이므로 원기둥의 높이와 밑면의 지름은 같습니다. 따라서 원기둥의 높이는 14 cm입니다.

6 밑면의 반지름을 □cm라 하면 밑면의 둘레는 옆면의 가로와 같으므로 $□ \times 2 \times 3.14 = 25.12,$

$□ \times 6.28 = 25.12, □ = 4$입니다.

상위권 문제 **104~109쪽**

유형 ❶ (1) 45 cm, 15 cm   (2) 120 cm
(3) 210 cm

유제 1 182.72 cm   **유제 2** 12 cm

유형 ❷ (1)

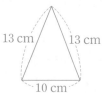

(2) 36 cm   (3) 60 cm²

유제 3 22 cm

유제 4 풀이 참조, 452.16 cm²

유형 ❸ (1) 24 cm   (2) 14 cm

유제 5 8 cm   **유제 6** 지혜, 13 cm

유형 ❹ (1) 12 cm   (2) 24 cm

유제 7 8 cm

유제 8 풀이 참조, 20 cm

유형 ❺ (1) (위에서부터) 3, 2   (2) 3 cm², 6 cm²
(3) 9 cm²

유제 9 18.4 cm²   **유제 10** 60 cm²

유형 **6** (1) 예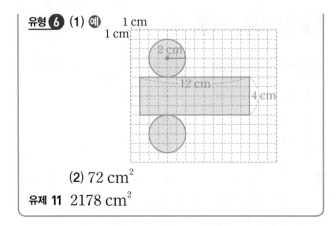

(2) 72 cm^2

유제 **11** 2178 cm^2

유형 **1** (1) • (옆면의 가로)＝(밑면의 둘레)＝45 cm
　　　 • (옆면의 세로)＝15 cm
　　(2) (옆면의 둘레)＝$(45+15) \times 2$
　　　　　　　　＝$60 \times 2 = 120 \text{(cm)}$
　　(3) (전개도의 둘레)＝$45 \times 2 + 120$
　　　　　　　　　＝$90 + 120 = 210 \text{(cm)}$

유제 **1** • (옆면의 가로)＝(밑면의 둘레)＝37.68 cm
　　 • (옆면의 세로)＝(원기둥의 높이)＝16 cm
　　 • (옆면의 둘레)＝$(37.68+16) \times 2$
　　　　　　　　＝$53.68 \times 2 = 107.36 \text{(cm)}$
　　⇨ (전개도의 둘레)＝$37.68 \times 2 + 107.36$
　　　　　　　　　＝$75.36 + 107.36$
　　　　　　　　　＝182.72(cm)

유제 **2** 원기둥의 한 밑면의 둘레를 ☐ cm라 하면
　　☐$\times 2 + ($☐$+10+$☐$+10)=317.6$,
　　☐$\times 4 + 20 = 317.6$, ☐$\times 4 = 297.6$,
　　☐$=74.4$입니다.
　　따라서 한 밑면의 둘레가 74.4 cm이므로
　　(밑면의 반지름)$\times 2 \times 3.1 = 74.4$,
　　(밑면의 반지름)$\times 6.2 = 74.4$,
　　(밑면의 반지름)$=12 \text{ cm}$입니다.

유형 **2** (1) 원뿔을 앞에서 본 모양은 이등변삼각형입니다.
　　(2) (앞에서 본 모양의 둘레)
　　　　＝$13+10+13 = 36 \text{(cm)}$
　　(3) (앞에서 본 모양의 넓이)
　　　　＝$10 \times 12 \div 2 = 60 \text{(cm}^2)$

유제 **3** 원기둥을 앞에서 본 모양은 가로가 $3 \times 2 = 6 \text{(cm)}$
　　이고 세로가 5 cm인 직사각형입니다.
　　⇨ (앞에서 본 모양의 둘레)
　　　　＝$(6+5) \times 2 = 11 \times 2 = 22 \text{(cm)}$

유제 **4** 예 반원 모양의 종이를 지름을 기준으로 한 바퀴
　　돌렸을 때 만들어지는 입체도형은 구입니다.」❶
　　구를 옆에서 본 모양은 반지름이 12 cm인 원입
　　니다.」❷
　　따라서 구를 옆에서 본 모양의 넓이는
　　$12 \times 12 \times 3.14 = 452.16 \text{(cm}^2)$입니다.」❸

채점 기준
❶ 만든 입체도형 알아보기
❷ 만든 입체도형을 옆에서 본 모양 알아보기
❸ 만든 입체도형을 옆에서 본 모양의 넓이 구하기

유형 **3** (1) (옆면의 가로)＝(밑면의 둘레)
　　　　　　　　　＝$4 \times 2 \times 3 = 24 \text{(cm)}$
　　(2) 최대한 높은 상자를 만들 때 옆면의 세로는
　　　(종이의 세로)－(밑면의 지름)$\times 2$
　　　＝$30 - 4 \times 2 \times 2 = 30 - 16 = 14 \text{(cm)}$입니다.
　　　상자의 높이는 옆면의 세로와 같으므로 14 cm
　　　입니다.

유제 **5** (옆면의 가로)＝(밑면의 둘레)
　　　　　　　　＝$5 \times 2 \times 3.1 = 31 \text{(cm)}$
　　최대한 높은 상자를 만들 때 옆면의 세로는
　　(종이의 세로)－(밑면의 지름)$\times 2$
　　＝$28 - 5 \times 2 \times 2 = 28 - 20 = 8 \text{(cm)}$입니다.
　　상자의 높이는 옆면의 세로와 같으므로 8 cm입
　　니다.

유제 **6** • 지혜: (옆면의 가로)＝$4 \times 2 \times 3 = 24 \text{(cm)}$
　　　　　　 (옆면의 세로)＝(상자의 높이)
　　　　　　　　　　＝$40 - 4 \times 2 \times 2$
　　　　　　　　　　＝$40 - 16 = 24 \text{(cm)}$
　　 • 승호: (옆면의 가로)＝$6 \times 2 \times 3 = 36 \text{(cm)}$
　　　　　　 (옆면의 세로)＝(상자의 높이)
　　　　　　　　　　＝$35 - 6 \times 2 \times 2$
　　　　　　　　　　＝$35 - 24 = 11 \text{(cm)}$
　　따라서 지혜가 만든 상자의 높이가
　　$24 - 11 = 13 \text{(cm)}$ 더 높습니다.

유형 **4** (1) 밑면의 지름을 ☐ cm라 하면 원기둥의 전개
　　　도에서 옆면의 가로는 (☐$\times 3$) cm이고,
　　　세로는 (☐$\times 2$) cm입니다.
　　　☐$\times 3 +$☐$\times 2 +$☐$\times 3 +$☐$\times 2 = 120$,
　　　☐$\times 10 = 120$, ☐$=12$
　　(2) 원기둥의 높이는 밑면의 지름의 2배이므로
　　　$12 \times 2 = 24 \text{(cm)}$입니다.

유제 **7** (밑면의 지름)=(원기둥의 높이)=□ cm라 하면 원기둥의 전개도에서 옆면의 가로는 (□×3) cm이고, 세로는 □ cm입니다.
따라서 □×3+□+□×3+□=64,
□×8=64, □=8입니다.

유제 **8** **예** 밑면의 지름을 □ cm라 하면 원기둥의 전개도에서 옆면의 가로는 (□×3) cm이고, 세로는 (□×2) cm입니다.
□×3×□×2=600, □×□×6=600,
□×□=100, □=10」 ❶
따라서 원기둥의 높이는 밑면의 지름의 2배이므로 10×2=20(cm)입니다.」 ❷

채점 기준
❶ 원기둥의 밑면의 지름 구하기
❷ 원기둥의 높이 구하기

유형 **5** (2) ・(㉠의 넓이)=$\left(\text{원의 넓이의 } \dfrac{1}{4}\right)$
$=2\times2\times3\times\dfrac{1}{4}=3(\text{cm}^2)$
・(㉡의 넓이)=(직사각형의 넓이)
$=2\times3=6(\text{cm}^2)$
(3) (돌리기 전의 평면도형의 넓이)
$=3+6=9(\text{cm}^2)$

유제 **9** 돌리기 전의 평면도형은 오른쪽과 같습니다.

⇨ (돌리기 전의 평면도형의 넓이)
=(삼각형의 넓이)
$+\left(\text{원의 넓이의 } \dfrac{1}{4}\right)$
$=4\times3\div2+4\times4\times3.1\times\dfrac{1}{4}$
$=6+12.4=18.4(\text{cm}^2)$

유제 **10** 돌리기 전의 평면도형은 오른쪽과 같습니다.

⇨ (돌리기 전의 평면도형의 넓이)
=(삼각형의 넓이)
+(정사각형의 넓이)
$=6\times8\div2+6\times6$
$=24+36=60(\text{cm}^2)$

유형 **6** (1) 원기둥의 밑면의 반지름은 구의 반지름과 같으므로 2 cm이고 원기둥의 높이는 구의 지름과 같으므로 2×2=4(cm)입니다.
원기둥의 전개도에서 옆면의 가로는 2×2×3=12(cm)이고 세로는 4 cm입니다.
(2) ・(한 밑면의 넓이)=2×2×3=12(cm²)
・(옆면의 넓이)=12×4=48(cm²)
⇨ (원기둥의 전개도의 넓이)
=12×2+48=24+48=72(cm²)

유제 **11** 원기둥의 밑면의 반지름은 구의 반지름과 같으므로 11 cm이고 원기둥의 높이는 구의 지름과 같으므로 11×2=22(cm)입니다.
원기둥의 전개도에서 옆면의 가로는 11×2×3=66(cm)이고 세로는 22 cm입니다.
・(한 밑면의 넓이)=11×11×3=363(cm²)
・(옆면의 넓이)=66×22=1452(cm²)
⇨ (원기둥의 전개도의 넓이)
=363×2+1452
=726+1452=2178(cm²)

상위권 문제 확인과 응용 110~113쪽

1 12 cm	**2** 5024 cm²
3 379.94 cm²	**4** 20 cm
5 108 cm²	**6** 풀이 참조, 19.4 cm
7 8 cm	**8** 411.2 cm²
9 풀이 참조, 60 cm²	**10** 1080 cm²
11 446.4 cm²	**12** 846 cm²

1 (옆면의 가로)=(밑면의 둘레)
=10×2×3.1=62(cm)
원기둥의 높이를 □ cm라 하면
62×2+(62+□+62+□)=272,
248+□×2=272, □×2=24, □=12입니다.

2 (롤러의 옆면의 넓이)
=4×2×3.14×20=502.4(cm²)
⇨ (페인트가 칠해진 부분의 넓이)
=(롤러의 옆면의 넓이)×10
=502.4×10=5024(cm²)

3 삼각형 ㄱㄴㄷ에서 변 ㄱㄴ과 변 ㄱㄷ은 구의 반지름으로 길이가 같습니다.

구의 반지름을 ☐ cm라 하면 삼각형 ㄱㄴㄷ의 둘레가 40 cm이므로 ☐＋18＋☐＝40,

☐＋☐＝22, ☐＝11입니다.

따라서 구를 위에서 본 모양은 반지름이 11 cm인 원이므로 넓이는 $11 \times 11 \times 3.14 = 379.94 (cm^2)$입니다.

4 · 가로를 기준으로 돌렸을 때

(옆면의 둘레)

$= (13 \times 2 \times 3 + 11) \times 2$

$= (78 + 11) \times 2$

$= 89 \times 2 = 178 (cm)$

· 세로를 기준으로 돌렸을 때

(옆면의 둘레)

$= (11 \times 2 \times 3 + 13) \times 2$

$= (66 + 13) \times 2$

$= 79 \times 2 = 158 (cm)$

⇨ (옆면의 둘레의 차)＝$178 - 158 = 20 (cm)$

5 삼각형을 한 바퀴 돌렸을 때 만들어지는 입체도형은

 이고 입체도형을 앞에서 본 모양은

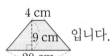 입니다.

⇨ (입체도형을 앞에서 본 모양의 넓이)

$= (4 + 20) \times 9 \div 2 = 24 \times 9 \div 2 = 108 (cm^2)$

6 예 구를 앞에서 본 모양은 반지름이 10 cm인 원이므로 둘레는 $10 \times 2 \times 3.14 = 62.8 (cm)$입니다.」❶

원기둥을 앞에서 본 모양은 가로가 $6 \times 2 = 12 (cm)$이고 세로가 원기둥의 높이와 같은 직사각형입니다.

원기둥의 높이를 ☐ cm라 하면

$(12 + ☐) \times 2 = 62.8$, $12 + ☐ = 31.4$, ☐＝19.4이므로 원기둥의 높이는 19.4 cm입니다.」❷

채점 기준
❶ 구를 앞에서 본 모양의 둘레 구하기
❷ 원기둥의 높이 구하기

7 밑면의 지름을 ☐ cm라 하면 원기둥의 전개도에서 옆면의 가로는 (☐×3) cm이고, 세로는 (☐×4) cm입니다.

☐×3×2＋(☐×3＋☐×4＋☐×3＋☐×4)

＝40, ☐×20＝40, ☐＝2

따라서 원기둥의 높이는 밑면의 지름의 4배이므로 $2 \times 4 = 8 (cm)$입니다.

8 사용한 포장지는 직사각형 모양으로 가로는 오른쪽 그림에서 굵은 선의 길이와 같고, 세로는 8 cm입니다.

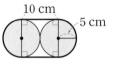

(포장지의 가로)

＝(반지름이 5 cm인 원의 원주)
＋(직선 부분의 길이의 합)

$= 5 \times 2 \times 3.14 + 10 \times 2 = 31.4 + 20 = 51.4 (cm)$

⇨ (포장지의 넓이)＝$51.4 \times 8 = 411.2 (cm^2)$

9 예 주어진 입체도형의 전개도는 원기둥의 전개도입니다.」❶

원기둥의 밑면의 반지름을 ☐ cm라 하면

☐×2×3.1×10＝372, ☐×62＝372, ☐＝6입니다.」❷

따라서 돌리기 전의 평면도형은 가로가 6 cm이고 세로가 10 cm인 직사각형이므로 넓이는

$6 \times 10 = 60 (cm^2)$입니다.」❸

채점 기준
❶ 어떤 입체도형의 전개도인지 알아보기
❷ 원기둥의 밑면의 반지름 구하기
❸ 돌리기 전의 평면도형의 넓이 구하기

10 · (한 밑면의 넓이)＝$9 \times 9 \times 3 \times \frac{2}{3} = 162 (cm^2)$

· (옆면의 넓이)＝$9 \times 2 \times 3 \times \frac{2}{3} \times 14 + 9 \times 14 \times 2$

$= 504 + 252 = 756 (cm^2)$

⇨ (필요한 색종이의 넓이)

$= 162 \times 2 + 756 = 324 + 756 = 1080 (cm^2)$

11 구의 중심을 지나도록 잘랐을 때 생기는 면이 가장 넓습니다.

⇨ (자른 면의 넓이)＝$12 \times 12 \times 3.1$

$= 446.4 (cm^2)$

12 입체도형을 옆에서 본 모양은 다음과 같습니다.

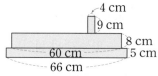

⇨ (옆에서 본 모양의 넓이)
$$=66 \times 5 + 60 \times 8 + 4 \times 9$$
$$=330 + 480 + 36 = 846(cm^2)$$

최상위권 문제　114~115쪽

1

2 60 cm

3 79.6 cm

4 1480.88 cm²

5 6 cm, 10 cm

6 93 cm²

---

1 가장 짧게 감았으므로 원기둥의 전개도에서 실의 위치는 직선으로 표시됩니다.

2 비법 PLUS⁺　한 원뿔에서 모선은 무수히 많고 길이는 모두 같습니다.

원뿔에서 모선의 길이는 모두 같으므로
(선분 ㄱㄴ)=(선분 ㄱㄷ)=(선분 ㄱㄹ)입니다.
삼각형 ㄱㄴㄷ은 두 변의 길이가 같고 한 각이 60°이므로 정삼각형이고 한 변의 길이는
$15 \times 2 = 30(cm)$입니다.
따라서 필요한 철사의 길이는 $30 \times 2 = 60(cm)$입니다.

3 비법 PLUS⁺　(페인트가 칠해진 부분의 넓이)
＝(롤러의 옆면의 넓이)×(롤러를 굴린 횟수)

(롤러의 옆면의 넓이)＝$744 \div 4 = 186(cm^2)$
롤러의 밑면의 반지름을 □ cm라 하면
$\square \times 2 \times 3.1 \times 15 = 186$, $\square \times 93 = 186$,
□＝2입니다.
⇨ (전개도의 둘레)
$$=(2 \times 2 \times 3.1) \times 2 + (2 \times 2 \times 3.1 + 15) \times 2$$
$$=24.8 + 54.8 = 79.6(cm)$$

4 • (한 밑면의 넓이)
$$=12 \times 8 - 2 \times 2 \times 3.14$$
$$=96 - 12.56 = 83.44(cm^2)$$
• (직육면체의 옆면의 넓이)
$$=(8 \times 25 + 12 \times 25) \times 2$$
$$=(200 + 300) \times 2 = 1000(cm^2)$$
• (원기둥의 옆면의 넓이)
$$=2 \times 2 \times 3.14 \times 25 = 314(cm^2)$$
⇨ (기름이 묻은 부분의 넓이)
$$=83.44 \times 2 + 1000 + 314$$
$$=166.88 + 1000 + 314 = 1480.88(cm^2)$$

5 입체도형을 앞에서 본 모양의 넓이는 돌리기 전의 평면도형의 넓이의 2배이므로 돌리기 전의 평면도형의 넓이는 $112 \div 2 = 56(cm^2)$입니다.
$(㉠+㉡) \times 7 \div 2 = 56$, $㉠+㉡ = 56 \times 2 \div 7 = 16$
㉠:㉡＝3:5이므로 비례배분을 이용하여 ㉠과 ㉡의 길이를 각각 구합니다.
$$㉠ = 16 \times \frac{3}{3+5} = 16 \times \frac{3}{8} = 6(cm),$$
$$㉡ = 16 \times \frac{5}{3+5} = 16 \times \frac{5}{8} = 10(cm)$$

6 비법 PLUS⁺　주어진 직각삼각형을 한 변을 기준으로 90° 돌려 만든 입체도형은 한 바퀴의 $\frac{90°}{360°} = \frac{1}{4}$만큼 돌려 만든 것입니다.

주어진 직각삼각형을 한 변을 기준으로 한 바퀴 돌려 만든 입체도형과 90° 돌려 만든 입체도형은 각각 다음과 같습니다.

[한 바퀴 돌려 만든 입체도형]　[90° 돌려 만든 입체도형]
직각삼각형을 90° 돌려 만든 입체도형의 옆면의 넓이는 (굽은 면의 넓이)＋(삼각형의 넓이)×2입니다.
90° 돌려 만든 입체도형의 굽은 면의 넓이는 한 바퀴 돌려 만든 입체도형의 옆면의 넓이의 $\frac{90°}{360°} = \frac{1}{4}$입니다.
⇨ (90° 돌려 만든 입체도형의 옆면의 넓이)
$$=180 \times \frac{1}{4} + (6 \times 8 \div 2) \times 2$$
$$=45 + 48 = 93(cm^2)$$

① 분수의 나눗셈

복습 상위권 문제 2~3쪽

1 $6\frac{1}{8}$	**2** 15명
3 $2\frac{1}{9}$	**4** $3\frac{1}{5}$ cm
5 96 m²	**6** $3\frac{19}{33}$
7 4일	**8** 13시간 36분

1 어떤 수를 □라 하면 □$\times\frac{4}{7}=2$,

$$\square=2\div\frac{4}{7}=\overset{1}{2}\times\frac{7}{\underset{2}{4}}=\frac{7}{2}=3\frac{1}{2}\text{ 입니다.}$$

따라서 바르게 계산한 값은

$$3\frac{1}{2}\div\frac{4}{7}=\frac{7}{2}\div\frac{4}{7}$$
$$=\frac{7}{2}\times\frac{7}{4}=\frac{49}{8}=6\frac{1}{8}\text{ 입니다.}$$

2 유진이네 반 전체 학생 수를 □명이라 하면
□$\times\frac{4}{9}=12$,

$$\square=12\div\frac{4}{9}=\overset{3}{12}\times\frac{9}{\underset{1}{4}}=27\text{입니다.}$$

⇨ (남학생 수)
= (유진이네 반 전체 학생 수) − (여학생 수)
= 27 − 12 = 15(명)

3 $\frac{5}{6}\blacklozenge\frac{3}{4}=\left(\frac{5}{6}+\frac{3}{4}\right)\div\frac{3}{4}=\frac{19}{12}\div\frac{3}{4}$

$$=\frac{19}{\underset{3}{12}}\times\frac{\overset{1}{4}}{3}=\frac{19}{9}=2\frac{1}{9}$$

4 삼각형의 높이를 □cm라 하면
$5\frac{3}{4}\times\square\div2=9\frac{1}{5}$ 입니다.

⇨ $\square=9\frac{1}{5}\times2\div5\frac{3}{4}=\frac{46}{5}\times2\div\frac{23}{4}$

$$=\frac{\overset{4}{92}}{5}\times\frac{4}{\underset{1}{23}}=\frac{16}{5}=3\frac{1}{5}$$

5 (1 L의 페인트로 칠할 수 있는 벽의 넓이)
$$=4\div\frac{5}{8}=4\times\frac{8}{5}=\frac{32}{5}=6\frac{2}{5}(\text{m}^2)$$
⇨ (15 L의 페인트로 칠할 수 있는 벽의 넓이)
$$=6\frac{2}{5}\times15=\frac{32}{\underset{1}{5}}\times\overset{3}{15}=96(\text{m}^2)$$

6 정우의 수가 혜지의 수보다 크므로 정우는 가장 큰 대분수를, 혜지는 가장 작은 대분수를 만들어야 합니다.

⇨ (정우가 만든 가장 큰 대분수)
÷(혜지가 만든 가장 작은 대분수)
$$=9\frac{5}{6}\div2\frac{3}{4}=\frac{59}{6}\div\frac{11}{4}$$
$$=\frac{59}{\underset{3}{6}}\times\frac{\overset{2}{4}}{11}=\frac{118}{33}=3\frac{19}{33}$$

7 전체 일의 양을 1이라 하면
(준호가 하루 동안 할 수 있는 일의 양)
$$=\frac{1}{4}\div3=\frac{1}{4}\times\frac{1}{3}=\frac{1}{12},$$
(진아가 하루 동안 할 수 있는 일의 양)
$$=\frac{1}{3}\div2=\frac{1}{3}\times\frac{1}{2}=\frac{1}{6}\text{입니다.}$$
(두 사람이 함께 하루 동안 할 수 있는 일의 양)
$$=\frac{1}{12}+\frac{1}{6}=\frac{1}{4}$$
따라서 두 사람이 함께 이 일을 하여 모두 마치려면
$1\div\frac{1}{4}=1\times4=4$(일)이 걸립니다.

8 밤의 길이를 □시간이라 하면 하루는 24시간이므로 낮의 길이는 (24−□)시간입니다.
낮의 길이가 밤의 길이의 $\frac{13}{17}$ 이므로
$$24-\square=\square\times\frac{13}{17},\ 24=\square\times\frac{13}{17}+\square,$$
$$24=\square\times1\frac{13}{17},$$
$$\square=24\div1\frac{13}{17}=24\div\frac{30}{17}$$
$$=\overset{4}{24}\times\frac{17}{\underset{5}{30}}=\frac{68}{5}=13\frac{3}{5}\text{ 입니다.}$$

$13\frac{3}{5}=13\frac{36}{60}$ 이므로 밤의 길이는 13시간 36분입니다.

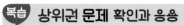

복습 **상위권 문제 확인과 응용** | 4~7쪽

1 $4\dfrac{1}{2}$	**2** $7\dfrac{19}{35}$
3 11, 13	**4** $11\dfrac{1}{4}$ m^2
5 $13\dfrac{1}{2}$ m	**6** 44분
7 20일	**8** $6\dfrac{2}{5}$ cm
9 3시간 30분	**10** 217명
11 $\dfrac{4}{5}$ m	**12** 625 km

1 어떤 수를 □라 하면 $2\dfrac{5}{8} \div □ = \dfrac{7}{10}$,

$□ = 2\dfrac{5}{8} \div \dfrac{7}{10} = \dfrac{21}{8} \div \dfrac{7}{10}$

$= \dfrac{\overset{3}{\cancel{21}}}{\underset{4}{\cancel{8}}} \times \dfrac{\overset{5}{\cancel{10}}}{\underset{1}{\cancel{7}}} = \dfrac{15}{4} = 3\dfrac{3}{4}$ 입니다.

$\Rightarrow 3\dfrac{3}{4} \div \dfrac{5}{6} = \dfrac{15}{4} \div \dfrac{5}{6} = \dfrac{\overset{3}{\cancel{15}}}{\underset{2}{\cancel{4}}} \times \dfrac{\overset{3}{\cancel{6}}}{\underset{1}{\cancel{5}}} = \dfrac{9}{2} = 4\dfrac{1}{2}$

2 $\begin{bmatrix} 2\dfrac{1}{4} & 3\dfrac{3}{7} \\ 1\dfrac{3}{5} & \dfrac{5}{12} \end{bmatrix}$

$= 2\dfrac{1}{4} \div \dfrac{5}{12} + 3\dfrac{3}{7} \div 1\dfrac{3}{5}$

$= \dfrac{9}{\underset{1}{\cancel{4}}} \times \dfrac{\overset{3}{\cancel{12}}}{5} + \dfrac{24}{7} \times \dfrac{5}{\underset{1}{\cancel{8}}}^{\,3} = \dfrac{27}{5} + \dfrac{15}{7} = 7\dfrac{19}{35}$

3 $\dfrac{3}{8} \div \dfrac{5}{8} = 3 \div 5 = \dfrac{3}{5}$,

$1\dfrac{7}{10} \div 1\dfrac{8}{9} = \dfrac{17}{10} \div \dfrac{17}{9} = \dfrac{17}{10} \times \dfrac{9}{\underset{1}{\cancel{17}}} = \dfrac{9}{10}$

$\dfrac{3}{5} < \dfrac{□}{15} < \dfrac{9}{10}$ 이므로 $\dfrac{18}{30} < \dfrac{□ \times 2}{30} < \dfrac{27}{30}$ 입니다. $18 < □ \times 2 < 27$ 에서 □ 안에 들어갈 수 있는 자연수는 10, 11, 12, 13이므로 $\dfrac{□}{15}$가 될 수 있는 분수는 $\dfrac{10}{15}$, $\dfrac{11}{15}$, $\dfrac{12}{15}$, $\dfrac{13}{15}$ 입니다. 이 중에서 기약분수는 $\dfrac{11}{15}$, $\dfrac{13}{15}$ 이므로 □ 안에 들어갈 수 있는 자연수는 11, 13입니다.

4 • (1통에 담은 페인트의 양)

$= 4\dfrac{4}{5} \div 6 = \dfrac{24}{5} \div 6 = \dfrac{4}{5}$ (L)

• (1 L의 페인트로 칠할 수 있는 벽의 넓이)

$= 3 \div \dfrac{4}{5} = 3 \times \dfrac{5}{4} = \dfrac{15}{4} = 3\dfrac{3}{4}$ (m^2)

$\Rightarrow$ (3 L의 페인트로 칠할 수 있는 벽의 넓이)

$= 3\dfrac{3}{4} \times 3 = \dfrac{15}{4} \times 3 = \dfrac{45}{4} = 11\dfrac{1}{4}$ (m^2)

5 처음 공을 떨어뜨린 높이를 □ m라 하면

(첫 번째로 튀어 오른 높이) $= \left(□ \times \dfrac{7}{9}\right)$ m,

(두 번째로 튀어 오른 높이) $= \left(□ \times \dfrac{7}{9} \times \dfrac{7}{9}\right)$ m이므로

$□ \times \dfrac{7}{9} \times \dfrac{7}{9} = 8\dfrac{1}{6}$, $□ \times \dfrac{49}{81} = 8\dfrac{1}{6}$ 입니다.

$\Rightarrow □ = 8\dfrac{1}{6} \div \dfrac{49}{81} = \dfrac{49}{6} \div \dfrac{49}{81} = \dfrac{\cancel{49}}{\underset{2}{\cancel{6}}} \times \dfrac{\overset{27}{\cancel{81}}}{\underset{1}{\cancel{49}}}$

$= \dfrac{27}{2} = 13\dfrac{1}{2}$

6 (나누어진 나무 막대의 수)

$= 16\dfrac{4}{5} \div 1\dfrac{2}{5} = \dfrac{84}{5} \div \dfrac{7}{5} = 84 \div 7 = 12$ (도막)

(나무 막대를 자르는 횟수)

= (나누어진 나무 막대의 수) − 1

$= 12 - 1 = 11$ (번)

$\Rightarrow$ (나무 막대를 모두 자르는 데 걸리는 시간)

$= 4 \times 11 = 44$ (분)

7 전체 일의 양을 1이라 하면

(현우가 하루 동안 할 수 있는 일의 양)

$= 1 \div 5 = \dfrac{1}{5}$,

(현우와 세희가 함께 할 때 하루 동안 할 수 있는 일의 양)

$= 1 \div 4 = \dfrac{1}{4}$ 이므로

(세희가 하루 동안 할 수 있는 일의 양)

$= \dfrac{1}{4} - \dfrac{1}{5} = \dfrac{1}{20}$ 입니다.

따라서 이 일을 세희 혼자서 하면

$1 \div \dfrac{1}{20} = 1 \times 20 = 20$ (일)이 걸립니다.

8 (직사각형 ㄱㄴㄷㄹ의 넓이)

$$=14\frac{1}{6}\times 12=\frac{85}{6}\times \overset{2}{12}=170(\text{cm}^2)$$이므로

(삼각형 ㅁㄴㄷ의 넓이)

$$=\overset{34}{170}\times \frac{4}{15}=\frac{136}{3}=45\frac{1}{3}(\text{cm}^2)$$입니다.

⇨ (선분 ㅁㄴ)

$$=45\frac{1}{3}\times 2\div 14\frac{1}{6}=\frac{136}{3}\times 2\div \frac{85}{6}$$

$$=\frac{\overset{16}{272}}{3}\times \frac{\overset{2}{6}}{85}=\frac{32}{5}=6\frac{2}{5}$$

9 $\left(2\frac{1}{10}\text{시간 동안 탄 양초의 길이}\right)$

$$=22-13\frac{3}{4}=8\frac{1}{4}(\text{cm})$$

(한 시간 동안 탄 양초의 길이)

$$=8\frac{1}{4}\div 2\frac{1}{10}=\frac{33}{4}\div \frac{21}{10}$$

$$=\frac{\overset{11}{33}}{\underset{2}{4}}\times \frac{\overset{5}{10}}{\underset{7}{21}}=\frac{55}{14}=3\frac{13}{14}(\text{cm})$$

⇨ (남은 양초가 모두 타는 데 걸리는 시간)

$$=13\frac{3}{4}\div 3\frac{13}{14}=\frac{55}{4}\div \frac{55}{14}$$

$$=\frac{\overset{1}{55}}{\underset{2}{4}}\times \frac{\overset{7}{14}}{\underset{1}{55}}=\frac{7}{2}=3\frac{1}{2}(\text{시간})$$

$3\frac{1}{2}$시간$=3\frac{30}{60}$시간이므로 3시간 30분입니다.

10 (늘어난 전체 학생 수)=(늘어난 남학생 수)
$$=467-452=15(\text{명})$$
작년 남학생 수를 □명이라 하면

$$□\times \frac{3}{47}=15,$$

$$□=15\div \frac{3}{47}=\overset{5}{15}\times \frac{47}{\underset{1}{3}}=235$$입니다.

따라서 올해 여학생 수는 작년 여학생 수와 같으므로 $452-235=217(\text{명})$입니다.

11 (상반신의 길이)=(반가 사유상의 높이)$\times \frac{5}{12}$

⇨ (반가 사유상의 높이)

$$=(\text{상반신의 길이})\div \frac{5}{12}$$

$$=\frac{1}{3}\div \frac{5}{12}=\frac{1}{\underset{1}{3}}\times \frac{\overset{4}{12}}{5}=\frac{4}{5}(\text{m})$$

12 $\left(\text{신칸센 열차가 }2\frac{3}{5}\text{분 동안 달린 거리}\right)$

$$=10\frac{19}{30}+\frac{1}{5}=10\frac{5}{6}(\text{km})$$

(신칸센 열차가 1분 동안 달린 거리)

$$=10\frac{5}{6}\div 2\frac{3}{5}=\frac{65}{6}\div \frac{13}{5}$$

$$=\frac{\overset{5}{65}}{6}\times \frac{5}{\underset{1}{13}}=\frac{25}{6}=4\frac{1}{6}(\text{km})$$

⇨ 2시간 30분=150분이므로 신칸센 열차가 2시간 30분 동안 달릴 수 있는 거리는

$$4\frac{1}{6}\times 150=\frac{25}{\underset{1}{6}}\times \overset{25}{150}=625(\text{km})$$입니다.

복습 **최상위권 문제** 8~9쪽

1 10쌍	**2** $3\frac{1}{2}$ L
3 385 g	**4** $1\frac{7}{9}$배
5 $26\frac{1}{4}$	**6** 72점

1 비법 PLUS 나눗셈식을 곱셈식으로 나타내어 식을 간단하게 만듭니다.

$8\div \frac{\bigstar}{6}=8\times \frac{6}{\bigstar}=\frac{48}{\bigstar}=\heartsuit$이므로 $\heartsuit$가 자연수이려면 $\bigstar$은 48의 약수이어야 합니다.

따라서 조건에 알맞은 $(\bigstar, \heartsuit)$는 (1, 48), (2, 24), (3, 16), (4, 12), (6, 8), (8, 6), (12, 4), (16, 3), (24, 2), (48, 1)이므로 모두 10쌍입니다.

2 처음에 산 식용유의 양을 $\square$ L라 하면

$$\square \times \left(1 - \frac{1}{4}\right) \times \left(1 - \frac{1}{7}\right) \times \left(1 - \frac{3}{5}\right) = \frac{9}{10} \text{ 입니다.}$$

$$\Rightarrow \square \times \frac{3}{4} \times \frac{\overset{3}{6}}{7} \times \frac{\overset{1}{2}}{5} = \frac{9}{10}, \ \square \times \frac{9}{35} = \frac{9}{10},$$

$$\square = \frac{9}{10} \div \frac{9}{35} = \frac{\overset{1}{9}}{\underset{2}{10}} \times \frac{\overset{7}{35}}{\underset{1}{9}} = \frac{7}{2} = 3\frac{1}{2}$$

3 (사용한 물의 양)$= 905 - 749 = 156$(g)이고,

사용한 물의 양은 수조 전체의 $\frac{5}{8} \times \frac{3}{\underset{2}{10}} = \frac{3}{16}$ 입니다.

수조에 물을 가득 채웠을 때 물의 양을 $\square$ g이라 하면 $\square \times \frac{3}{16} = 156,$

$$\square = 156 \div \frac{3}{16} = \overset{52}{156} \times \frac{16}{\underset{1}{3}} = 832 \text{입니다.}$$

$\left(\text{수조 전체의 } \frac{5}{8} \text{만큼 넣은 물의 양}\right)$

$$= \overset{104}{832} \times \frac{5}{\underset{1}{8}} = 520(g)$$

$\Rightarrow$ (빈 수조의 무게)$= 905 - 520 = 385$(g)

4 (㉠의 넓이)$=$ (원 나의 넓이)$\times \frac{3}{8},$

(㉡의 넓이)$=$ (원 다의 넓이)$\times \frac{1}{3}$ 이고,

㉠의 넓이가 ㉡의 넓이의 2배이므로

(원 나의 넓이)$\times \frac{3}{8} =$ (원 다의 넓이)$\times \frac{1}{3} \times 2,$

(원 나의 넓이)$\times \frac{3}{8} =$ (원 다의 넓이)$\times \frac{2}{3}$ 입니다.

$\Rightarrow$ (원 나의 넓이)$=$ (원 다의 넓이)$\times \frac{2}{3} \div \frac{3}{8}$

$= $ (원 다의 넓이)$\times \frac{2}{3} \times \frac{8}{3}$

$= $ (원 다의 넓이)$\times \frac{16}{9}$

$= $ (원 다의 넓이)$\times 1\frac{7}{9}$

따라서 원 나의 넓이는 원 다의 넓이의 $1\frac{7}{9}$배입니다.

5 비법 PLUS⁺

구하는 분수를 $\frac{\triangle}{\blacksquare}$라 하면 $\blacksquare$는 가장 큰 수가, $\triangle$는 가장 작은 수가 되어야 합니다.

구하는 분수를 $\frac{\triangle}{\blacksquare}$라 하면 $\frac{\triangle}{\blacksquare} \div 1\frac{7}{8}$과 $\frac{\triangle}{\blacksquare} \div \frac{7}{12}$의 몫이 각각 자연수가 되어야 합니다.

$$\frac{\triangle}{\blacksquare} \div 1\frac{7}{8} = \frac{\triangle}{\blacksquare} \div \frac{15}{8} = \frac{\triangle}{\blacksquare} \times \frac{8}{15},$$

$$\frac{\triangle}{\blacksquare} \div \frac{7}{12} = \frac{\triangle}{\blacksquare} \times \frac{12}{7} \text{이므로}$$

$\frac{\triangle}{\blacksquare} \times \frac{8}{15}$과 $\frac{\triangle}{\blacksquare} \times \frac{12}{7}$가 각각 자연수가 되면서

$\frac{\triangle}{\blacksquare}$는 가장 작은 분수가 되어야 합니다.

$\triangle$는 15와 7의 최소공배수이고, $\blacksquare$는 8과 12의 최대공약수이므로 $\triangle = 105$, $\blacksquare = 4$입니다.

따라서 $\frac{\triangle}{\blacksquare} = \frac{105}{4} = 26\frac{1}{4}$입니다.

6 비법 PLUS⁺

(평균)$=$ (자료의 값을 모두 더한 수) $\div$ (자료의 수)

국어 점수를 $\square$점이라 하면

(수학 점수)$= \left(\square \times 1\frac{1}{3}\right)$점이고,

(사회 점수)$= \left(\square \times 1\frac{1}{3} \times \frac{7}{8}\right)$점$= \left(\square \times 1\frac{1}{6}\right)$점입니다.

$\Rightarrow \left(\square + \square \times 1\frac{1}{3} + \square \times 1\frac{1}{6}\right) \div 3 = 84,$

$\left(\square \times 3\frac{1}{2}\right) \div 3 = 84, \ \square \times 3\frac{1}{2} = 252,$

$\square = 252 \div 3\frac{1}{2} = 252 \div \frac{7}{2} = \overset{36}{252} \times \frac{2}{\underset{1}{7}} = 72$

② 소수의 나눗셈

복습 상위권 문제 10~11쪽

1 0.5	**2** 6.4 cm
3 3.7 kg	**4** 2
5 3.04	**6** 45분 후
7 6	**8** 9통

1 어떤 수를 □라 하면 □×2.8=3.92,
□=3.92÷2.8=1.4입니다.
따라서 어떤 수는 1.4이므로 바르게 계산하면
1.4÷2.8=0.5입니다.

2 삼각형의 밑변의 길이를 □ cm라 하면
□×3.65÷2=11.68, □×3.65=23.36,
□=23.36÷3.65=6.4입니다.

3
```
      6 5  ← 담을 수 있는 자루 수
8) 5 2 4.3
    4 8
    ─────
      4 4
      4 0
    ─────
      4.3  ← 남는 보리쌀의 양
```
따라서 보리쌀을 한 자루에 8 kg씩 65자루에 담으면 4.3 kg이 남으므로 보리쌀을 자루에 담아 남김없이 모두 판매하려면 보리쌀은 적어도
8-4.3=3.7(kg) 더 필요합니다.

4 84÷6.6=12.727272……이므로 몫의 소수점 아래 반복되는 숫자는 7, 2입니다.
따라서 몫의 소수 홀수째 자리 숫자는 7이고, 소수 짝수째 자리 숫자는 2이므로 몫의 소수 32째 자리 숫자는 2입니다.

5 몫이 가장 큰 나눗셈식을 만들려면 나누어지는 수는 가장 크게, 나누는 수는 가장 작게 만들어야 합니다.
7>6>5>2이므로 가장 큰 소수 한 자리 수는 7.6이고, 가장 작은 소수 한 자리 수는 2.5입니다.
⇨ 7.6÷2.5=3.04

6 (줄어든 양초의 길이)=22-16.6=5.4(cm)
1.2 mm=0.12 cm이고, 남은 양초의 길이가 16.6 cm가 되는 때는 줄어든 양초의 길이가 5.4 cm일 때이므로 양초에 불을 붙인 지
5.4÷0.12=45(분) 후입니다.

7 반올림하여 자연수로 나타내면 8이 되는 몫의 범위는 7.5 이상 8.5 미만인 수입니다.
㉠.78÷0.9=7.5일 때 ㉠.78=7.5×0.9=6.75이고, ㉠.78÷0.9=8.5일 때
㉠.78=8.5×0.9=7.65이므로 ㉠.78은
6.75 이상 7.65 미만인 수입니다.
따라서 ㉠에 알맞은 수는 6입니다.

8 (지붕 1 m²를 칠하는 데 필요한 방수 페인트의 양)
=2.2÷5.5=0.4(L)
(지붕 66 m²를 칠하는 데 필요한 방수 페인트의 양)
=0.4×66=26.4(L)

```
        8
3) 2 6.4
    2 4
   ─────
      2.4
```
따라서 방수 페인트를 8통 사면 준영이네 집 지붕을 모두 칠할 수 없으므로 준영이네 집 지붕을 모두 칠하려면 방수 페인트를 적어도 8+1=9(통) 사야 합니다.

복습 상위권 문제 확인과 응용 12~15쪽

1 0.57	**2** 5.64 cm
3 374 / 2	**4** 52그루
5 47880원	**6** 0.145
7 150쪽	**8** 0.8 kg
9 25 cm	**10** 17장
11 1.5배	**12** 10 ℃

1 어떤 수를 □라 하면 □×8.7=43.5,
□=43.5÷8.7=5입니다.
따라서 바르게 계산하면 5÷8.7=0.574……이므로 몫을 반올림하여 소수 둘째 자리까지 나타내면 0.57입니다.

2 (삼각형 ㄱㄴㄷ의 넓이)
=(변 ㄱㄴ)×(변 ㄱㄷ)÷2
=7.05×9.4÷2=33.135(cm²)
⇨ (선분 ㄱㄹ)
=(삼각형 ㄱㄴㄷ의 넓이)×2÷(변 ㄴㄷ)
=33.135×2÷11.75=5.64(cm)

REVIEW BOOK

3
- 몫이 가장 큰 나눗셈식을 만들려면 가장 큰 두 자리 수 86을 가장 작은 소수 두 자리 수 0.23으로 나누어야 합니다. ⇨ $86 \div 0.23 = 373.9\cdots$이므로 몫을 반올림하여 자연수로 나타내면 374입니다.
- 몫이 가장 작은 나눗셈식을 만들려면 가장 작은 두 자리 수 20을 가장 큰 소수 두 자리 수 8.63으로 나누어야 합니다. ⇨ $20 \div 8.63 = 2.3\cdots$이므로 몫을 반올림하여 자연수로 나타내면 2입니다.

4 (가로수 사이의 간격 수)
= (도로의 길이) ÷ (가로수 사이의 간격)
= $40 \div 1.6 = 25$(군데)
(직선 도로의 한쪽에 심은 가로수의 수)
= (가로수 사이의 간격 수) + 1
= $25 + 1 = 26$(그루)
⇨ (직선 도로의 양쪽에 심은 가로수의 수)
= $26 \times 2 = 52$(그루)

5 (경유 1 L로 갈 수 있는 거리)
= $37.8 \div 2.8 = 13.5$(km)
(트럭이 567 km를 가는 데 필요한 경유의 양)
= $567 \div 13.5 = 42$(L)
⇨ (트럭이 567 km를 가는 데 필요한 경유의 값)
= $1140 \times 42 = 47880$(원)

6 $7.28 \div 1.65 = 4.41\cdots$
나누어지는 수 7.28에 가장 작은 수를 더해서 나눗셈의 몫이 소수 첫째 자리에서 나누어떨어지게 하면 나눗셈의 몫은 4.4보다 0.1만큼 더 큰 4.5입니다. 몫이 4.5일 때 나누어지는 수를 □라 하면
□ $\div 1.65 = 4.5$, □ $= 4.5 \times 1.65 = 7.425$입니다.
따라서 ㉠은 $7.425 - 7.28 = 0.145$입니다.

7 위인전 전체의 양을 1이라 생각하면 오늘 읽은 부분은 $(1 - 0.4) \times 0.3 = 0.18$이고, 오늘까지 읽고 남은 부분은 $1 - 0.4 - 0.18 = 0.42$입니다. 따라서 전체 쪽수를 □쪽이라 하면 남은 쪽수가 63쪽이므로
□ $\times 0.42 = 63$, □ $= 63 \div 0.42 = 150$입니다.

8 (석유 2.4 L의 무게) = $6.8 - 5 = 1.8$(kg)
(석유 1 L의 무게) = $1.8 \div 2.4 = 0.75$(kg)
(석유 8 L의 무게) = $0.75 \times 8 = 6$(kg)
⇨ (빈 통의 무게) = $6.8 - 6 = 0.8$(kg)

9 (25분 동안 줄어든 양초의 길이)
= $0.7 \times 25 = 17.5$(cm)
따라서 처음 양초의 길이를 □ cm라 하고 줄어든 양초의 길이를 나타내면 □ $\times (1 - 0.3) = 17.5$,
□ $\times 0.7 = 17.5$, □ $= 17.5 \div 0.7 = 25$입니다.

10 색 테이프를 2.5 cm씩 겹치게 이어 붙였으므로 색 테이프를 한 장씩 더 이어 붙일 때마다 색 테이프의 전체 길이는 $18 - 2.5 = 15.5$(cm)씩 늘어납니다. 더 이어 붙인 색 테이프의 수를 □장이라 하면
$18 + 15.5 \times$□$= 266$, $15.5 \times$□$= 248$,
□$= 248 \div 15.5 = 16$입니다.
따라서 이어 붙인 색 테이프는 모두 $16 + 1 = 17$(장)입니다.

11 (민재가 연결한 전지 한 개에서 내는 전압)
= $1.5 \div 2 = 0.75$(V)
(수현이가 연결한 전지 한 개에서 내는 전압)
= $1.5 \div 3 = 0.5$(V)
⇨ $0.75 \div 0.5 = 1.5$(배)

12 (소리가 1초 동안 이동한 거리)
= $11.52 \div 8 = 1.44$(km)
수온이 □ ℃일 때 물속에서 소리는 1초에
$(1.4 + 0.004 \times$□$)$ km를 이동합니다.
⇨ $1.4 + 0.004 \times$□$= 1.44$, $0.004 \times$□$= 0.04$,
□$= 0.04 \div 0.004 = 10$

복습 최상위권 문제   16~17쪽

1 90개	**2** 1.23배
3 5분 48초	**4** 6.25 cm
5 4시간	**6** 0.11분

1
- $65.2 \div 4.3 = 15.162\cdots$이므로 가로로 만들 수 있는 정사각형은 15개입니다.
- $28.7 \div 4.3 = 6.674\cdots$이므로 세로로 만들 수 있는 정사각형은 6개입니다.
따라서 정사각형은 모두 $15 \times 6 = 90$(개) 만들 수 있습니다.

2 [비법 PLUS] 먼저 소현이의 작년 몸무게를 구하여 소현이의 늘어난 몸무게를 구합니다.

(소현이의 작년 몸무게) = $42 \div 1.2 = 35$(kg)
(소현이의 늘어난 몸무게) = $42 - 35 = 7$(kg)
(영주의 늘어난 몸무게)
= $44.63 - 38.95 = 5.68$(kg)
따라서 $7 \div 5.68 = 1.232\cdots$이므로 작년보다 현재 늘어난 몸무게는 소현이가 영주의 1.23배입니다.

3 5분 30초＝5.5분이고, 4분 45초＝4.75분이므로
1분 동안 나오는 물의 양은 ㉮ 수도꼭지가
229.9÷5.5＝41.8(L), ㉯ 수도꼭지가
176.7÷4.75＝37.2(L)입니다.
따라서 ㉮와 ㉯ 수도꼭지를 동시에 틀어서 458.2 L
의 물을 받으려면
458.2÷(41.8＋37.2)＝458.2÷79＝5.8(분)이
걸리므로 5분 48초가 걸립니다.

4 비법 PLUS
> (삼각형 ㄱㄴㄷ의 넓이)
> ＝(삼각형 ㄹㄴㄷ의 넓이)×1.24
> ⇨ (삼각형 ㄹㄴㄷ의 넓이)
> ＝(삼각형 ㄱㄴㄷ의 넓이)÷1.24

(삼각형 ㄱㄴㄷ의 넓이)
＝(삼각형 ㄹㄴㄷ의 넓이)×1.24
→ (삼각형 ㄹㄴㄷ의 넓이)
＝(삼각형 ㄱㄴㄷ의 넓이)÷1.24
＝55.8÷1.24＝45(cm²)
⇨ 14.4×(변 ㄹㄷ)÷2＝45,
(변 ㄹㄷ)＝45×2÷14.4＝6.25(cm)

5 1시간 45분＝1.75시간
(강물이 1시간 동안 흐르는 거리)
＝35÷1.75＝20(km)
(배가 강물이 흐르는 방향으로 1시간 동안 가는 거리)
＝56.4＋20＝76.4(km)
따라서 배가 강물이 흐르는 방향으로 305.6 km를 가
는 데 걸리는 시간은 305.6÷76.4＝4(시간)입니다.

6 비법 PLUS
> 고속 열차가 터널을 완전히 통과하려면 고속
> 열차는 (터널의 길이)＋(고속 열차의 길이)만큼 달려야 합
> 니다.

1 m＝0.001 km이므로 75 m＝0.075 km입니다.
(고속 열차가 터널을 완전히 통과하는 데 달리는 거리)
＝0.4＋0.075＝0.475(km)
(고속 열차가 1분 동안 달리는 거리)
＝264÷60＝4.4(km)
따라서 0.475÷4.4＝0.107……이므로 고속 열차
가 터널을 완전히 통과하는 데 걸리는 시간은 0.11분
입니다.

❸ 공간과 입체

복습 상위권 **문제** 18~19쪽

1 ㉣ **2** 9개
3 가, 라 **4** 13개
5 12개 / 10개 **6** 3개

1 쌓기나무로 쌓은 모양은 가장 앞이 1층이고 1층의
오른쪽과 왼쪽이 모두 2층이므로 ㉣ 방향에서 본 것
입니다.

2 • 2층에 있는 쌓기나무는 2 이상인 수가 쓰여 있는
칸의 개수와 같으므로 6개입니다.
• 3층에 있는 쌓기나무는 3 이상인 수가 쓰여 있는
칸의 개수와 같으므로 3개입니다.
⇨ 6＋3＝9(개)

3 • 가 모양을 사용한 경우
 ⇨ 사용한 모양은 라 모양입니다.

• 나 모양을 사용한 경우
 ⇨ 사용할 모양이 없습니다.

• 다 모양을 사용한 경우
 ⇨ 사용할 모양이 없습니다.

4 주어진 모양을 쌓는 데 사용한 쌓기나무는 1층에 7개,
2층에 5개, 3층에 2개이므로 7＋5＋2＝14(개)입니
다.
가장 작은 정육면체 모양은 한 모서리에 쌓기나무가
3개씩이므로 필요한 쌓기나무는 3×3×3＝27(개)
입니다.
⇨ (더 필요한 쌓기나무의 개수)＝27－14＝13(개)

5 • 쌓기나무가 가장 많을 때:
 ⇨ 3＋3＋3＋2＋1＝12(개)

• 쌓기나무가 가장 적을 때:
 ⇨ 3＋1＋3＋2＋1＝10(개)

6 • 컨테이너가 가장 많이 쌓여 있는 경우

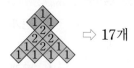

⇨ 17개

• 컨테이너가 가장 적게 쌓여 있는 경우

⇨ 14개

따라서 컨테이너 개수의 차는 17−14=3(개)입니다.

복습 **상위권 문제 확인과 응용** 20~23쪽

1 9개	**2** 32개
3 6개	

4
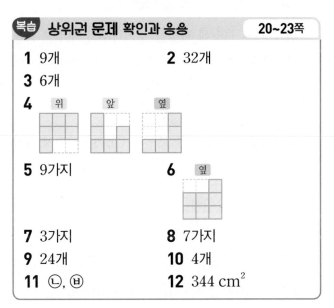

5 9가지　　**6**

7 3가지　　**8** 7가지
9 24개　　**10** 4개
11 ㉡, ㉮　　**12** 344 cm²

1 • 3층에 있는 쌓기나무는 3 이상인 수가 쓰여 있는 칸의 개수와 같으므로 5개입니다.
　• 4층에 있는 쌓기나무는 4 이상인 수가 쓰여 있는 칸의 개수와 같으므로 3개입니다.
　• 5층에 있는 쌓기나무는 5 이상인 수가 쓰여 있는 칸의 개수와 같으므로 1개입니다.
　⇨ 5+3+1=9(개)

2 (직육면체 모양의 쌓기나무의 개수)
　=4×3×4=48(개)
　남은 쌓기나무는 1층에 8개, 2층에 6개, 3층에 1개, 4층에 1개이므로 8+6+1+1=16(개)입니다.
　⇨ (빼낸 쌓기나무의 개수)=48−16=32(개)

---

3 나 모양은 쌓기나무가 1층에 7개, 2층에 4개, 3층에 1개이므로 7+4+1=12(개)입니다.
따라서 나 모양은 가 모양을 12÷2=6(개) 사용하여 만든 것입니다.

참고

4 빨간색 쌓기나무 3개를 빼낸 모양은 다음과 같습니다.

왼쪽 모양은 쌓기나무 13−3=10(개)로 쌓은 모양이고, 2층에 2개, 3층에 1개입니다. 1층에는 10−3=7(개)이므로 보이지 않는 부분에 쌓기나무는 없습니다.

5

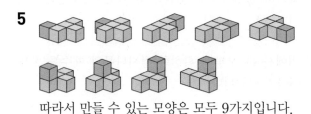

따라서 만들 수 있는 모양은 모두 9가지입니다.

6 앞에서 본 모양을 보고 위에서 본 모양에 확실한 쌓기나무의 개수를 쓰면 다음과 같습니다.

위
㉠ 3
1 ㉡ 1
1 ㉢

쌓기나무 11개로 쌓은 모양이므로
㉠+3+1+㉡+1+㉢=11,
㉠+㉡+㉢+5=11, ㉠+㉡+㉢=6입니다.
앞에서 본 모양에서 가운데는 2층으로 보여야 하므로 ㉠, ㉡, ㉢ 자리에 각각 2개씩 쌓은 것입니다.
따라서 옆에서 보면 왼쪽부터 차례대로 2층, 2층, 3층으로 보입니다.

7 3층이므로 위에서 본 모양의 한 자리에 3을 쓰면 되고 남은 쌓기나무는 8−3=5(개)입니다.
각 층의 쌓기나무 개수가 모두 다르므로 남은 자리에 2, 2, 1을 쓰면 됩니다.

⇨ | 3 2 / 2 1 | , | 3 1 / 2 2 | , | 3 2 / 1 2 |

따라서 만들 수 있는 모양은 모두 3가지입니다.

8 위에서 본 모양에 확실한 쌓기나무의 개수를 쓰면 다음과 같습니다.

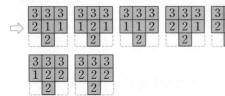

㉠, ㉡, ㉢ 자리에는 쌓기나무를 2개까지 쌓을 수 있고 적어도 한 자리에는 쌓기나무를 2개 쌓아야 합니다.

따라서 모두 7가지로 만들 수 있습니다.

9

한 면이 색칠되는 쌓기나무는 $4 \times 2 + 6 \times 4 = 32$(개)이고, 세 면이 색칠되는 쌓기나무는 각 꼭짓점에 있으므로 8개입니다.

따라서 쌓기나무의 개수의 차는 $32 - 8 = 24$(개)입니다.

10 위에서 본 모양에 확실한 쌓기나무의 개수를 쓰면 다음과 같습니다.

쌓기나무 16개로 쌓은 것이므로
$1 + 1 + 4 + 3 + 2 + ㉠ + 3 = 16$, $14 + ㉠ = 16$,
㉠$= 2$입니다.
따라서 앞에서 보았을 때 보이지 않는 쌓기나무는 색칠한 자리에 쌓인 쌓기나무이므로 모두
$1 + 1 + 2 = 4$(개)입니다.

11 펜타 큐브 조각을 뒤집거나 돌려서 모양을 만들면 다음과 같이 ㉠, ㉡, ㉷을 사용하여 만든 것이므로 더 사용한 조각은 ㉡, ㉷입니다.

12 (쌓기나무의 한 면의 넓이)$= 2 \times 2 = 4$(cm^2)
쌓기나무로 쌓은 모양을 위에서 보면 보이는 면은 9개, 앞에서 보면 보이는 면은 17개, 옆에서 보면 보이는 면은 17개입니다.
따라서 보이는 면은 $(9 + 17 + 17) \times 2 = 86$(개)이므로 페인트를 칠한 면의 넓이는 모두
$4 \times 86 = 344$(cm^2)입니다.

복습 최상위권 문제 **24~25쪽**

1 91개	**2** 52개
3 5개	**4** 8개
5 450 cm^2	**6** 32개

1 8층, 7층의 쌓기나무는 모두 보이고 6층부터는 가장자리를 제외한 가운데 부분의 쌓기나무가 보이지 않습니다.
6층: 1개, 5층: 4개, 4층: 9개, 3층: 16개, 2층: 25개, 1층: 36개
⇨ $1 + 4 + 9 + 16 + 25 + 36 = 91$(개)

2 비법 PLUS 정육면체 모양을 만들 때 쌓기나무를 가장 적게 사용하여 만들어야 하므로 쌓은 모양의 쌓기나무의 개수는 쌓기나무가 가장 많을 때입니다.

위에서 본 모양에 확실한 쌓기나무의 개수를 쓰면 다음과 같습니다.

쌓기나무가 가장 많을 때에는 ㉠, ㉡ 자리에 각각 2개씩일 때이므로 쌓기나무의 개수는
$1 + 1 + 2 + 1 + 2 + 3 + 2 = 12$(개)입니다.
가장 작은 정육면체 모양은 한 모서리에 쌓기나무가 4개씩이므로 필요한 쌓기나무는 $4 \times 4 \times 4 = 64$(개)입니다.
따라서 쌓기나무를 가장 적게 사용하여 만들 때 필요한 쌓기나무는 $64 - 12 = 52$(개)입니다.

3 비법 PLUS 쌓기나무로 쌓은 모양을 만들어 보고 층별로 두 면이 색칠된 쌓기나무를 찾습니다.

쌓기나무를 쌓은 모양은 다음과 같습니다.

세 면이 색칠된 쌓기나무는 1층에 2개, 2층에 3개, 3층에 없습니다.
따라서 세 면이 색칠된 쌓기나무는 모두
$2 + 3 = 5$(개)입니다.

4 • 쌓기나무가 가장 많은 경우

⇨ 1+1+1+1+2+1+1+2+3+1+1+2
＝17(개)

• 쌓기나무가 가장 적은 경우

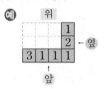

⇨ 1+2+3+1+1+1＝9(개)

따라서 쌓기나무의 개수의 차는 17−9＝8(개)입니다.

5 비법 PLUS⁺

(페인트를 칠한 면의 수)
＝(위, 앞, 옆에서 보이는 면의 수)×2
＋(위, 앞, 옆에서도 보이지 않는 면의 수)

(쌓기나무의 한 면의 넓이)＝3×3＝9(cm²)

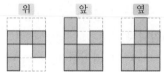

(위, 앞, 옆에서 보이는 면의 수)
＝(6+9+9)×2＝48(개)

위, 앞, 옆에서 보았을 때 보이지 않는
면의 수는 오른쪽 그림과 같이 2개
이므로 바깥쪽 면의 수는
48＋2＝50(개)입니다.

보이지 않는 면

따라서 페인트를 칠한 면의 넓이는 모두
9×50＝450(cm²)입니다.

6

1층	2층	3층	4층
7개	10개	11개	4개

⇨ (구멍이 뚫린 쌓기나무의 개수)
＝7+10+11+4＝32(개)

---

④ 비례식과 비례배분

복습 상위권 문제　26~27쪽

1 25 : 15	**2** 2시간 5분
3 18번	**4** 예 3 : 5
5 42만 원	**6** 오전 8시 12분
7 7.2 cm	**8** 0.3 km

1 5 : 3의 전항과 후항에 2, 3, 4, 5를 곱하면 각각
10 : 6, 15 : 9, 20 : 12, 25 : 15가 됩니다.
• 10 : 6 ⇨ 차: 10−6＝4
• 15 : 9 ⇨ 차: 15−9＝6
• 20 : 12 ⇨ 차: 20−12＝8
• 25 : 15 ⇨ 차: 25−15＝10
따라서 전항과 후항의 차가 10인 비는 25 : 15입니다.

2 50 km를 가는 데 걸리는 시간을 □분이라 하여 비례식을 세우면 20 : 8＝□ : 50입니다.
⇨ 20×50＝8×□, 8×□＝1000, □＝125
따라서 125분＝2시간 5분이므로 50 km를 가는 데 걸리는 시간은 2시간 5분입니다.

3 (㉮의 톱니 수) : (㉯의 톱니 수)＝42 : 35
⇨ (㉮의 회전수) : (㉯의 회전수)＝35 : 42
㉮가 15번 돌 때 ㉯가 □번 돈다고 하여 비례식을 세우면 35 : 42＝15 : □입니다.
⇨ 35×□＝42×15, 35×□＝630, □＝18

4 $㉮×\dfrac{2}{9}＝㉯×\dfrac{2}{15}$ ⇨ $㉮ : ㉯＝\dfrac{2}{15} : \dfrac{2}{9}$

$\dfrac{2}{15} : \dfrac{2}{9}$의 전항과 후항에 45를 곱하면 6 : 10이 되고, 6 : 10의 전항과 후항을 2로 나누면 3 : 5가 됩니다.

5 (윤아) : (종훈)＝80만 : 60만이고 이 비의 전항과 후항을 20만으로 나누면 4 : 3이 됩니다.
두 사람이 얻은 총 이익금을 □만 원이라 하면
$□×\dfrac{3}{4+3}＝18$, $□×\dfrac{3}{7}＝18$
⇨ $□＝18÷\dfrac{3}{7}＝18×\dfrac{7}{3}＝42$입니다.
따라서 두 사람이 얻은 총 이익금은 42만 원입니다.

6 어느 날 오후 2시부터 다음 날 오전 8시까지는 18시간입니다.

18시간 동안 시계가 빨라진 시간을 □분이라 하여 비례식을 세우면 24 : 16＝18 : □입니다.

➡ 24×□＝16×18, 24×□＝288, □＝12

따라서 다음 날 오전 8시에 이 시계가 가리키는 시각은 오전 8시＋12분＝오전 8시 12분입니다.

7 ⓐ의 가로인 ⑦의 길이를 □ cm라 하고 ㉮와 ㉯의 높이를 각각 △ cm라 할 때

㉮의 넓이는 $(12+6) \times \triangle \div 2 = 9 \times \triangle$이고

㉯의 넓이는 $\square \times \triangle$이므로

㉮와 ㉯의 넓이의 비는 $(9 \times \triangle) : (\square \times \triangle)$입니다.

$(9 \times \triangle) : (\square \times \triangle)$의 전항과 후항을 △로 나누면 9 : □이므로 ㉮와 ㉯의 넓이의 비를 비례식으로 나타내면 9 : □＝5 : 4입니다.

➡ 9×4＝□×5, □×5＝36, □＝7.2

8 시우네 집에서 출발하여 문방구를 거쳐 학교까지 가는 지도상의 거리는 2＋4＝6(cm)입니다.

시우가 가는 실제 거리를 □ cm라 하여 비례식을 세우면 1 : 5000＝6 : □입니다.

➡ 1×□＝5000×6, □＝30000

따라서 시우가 가는 실제 거리는 30000 cm＝0.3 km입니다.

복습 상위권 문제 확인과 응용 　28~31쪽

1 ⓔ 5 : 2		**2** 45, 10	
3 2400 g		**4** 72번	
5 40개		**6** 156 cm²	
7 81 km		**8** 70 cm²	
9 900만 원		**10** 12명	
11 8 m²		**12** 578 cm²	

1 전체 일의 양을 1이라 할 때 아버지와 지훈이가 하루에 한 일의 양은 각각 $\frac{1}{6}$, $\frac{1}{15}$입니다.

➡ (아버지) : (지훈)＝$\frac{1}{6}$: $\frac{1}{15}$

$\frac{1}{6}$: $\frac{1}{15}$의 전항과 후항에 30을 곱하면 5 : 2가 됩니다.

2 어떤 두 수를 9×□, 2×□라 하면 두 수의 곱이 450이므로 9×□×2×□＝450입니다.

➡ 18×□×□＝450, □×□＝25, □＝5

따라서 어떤 두 수는 9×5＝45, 2×5＝10입니다.

3 노란색 바구니에 먼저 담고 남은 콩은 전체의

$1 - \frac{1}{5} = \frac{4}{5}$이므로 $7200 \times \frac{4}{5} = 5760$(g)입니다.

따라서 빨간색 바구니에 담은 콩은

$5760 \times \frac{5}{5+7} = 5760 \times \frac{5}{12} = 2400$(g)입니다.

4 자유투 성공률을 분수로 나타내면

$0.75 = \frac{75}{100} = \frac{3}{4}$이므로 자유투를 4번 던질 때마다 3번 성공한 비율입니다.

자유투를 54번 성공했을 때 던진 자유투의 횟수를 □번이라 하여 비례식을 세우면 3 : 4＝54 : □입니다.

➡ 3×□＝4×54, 3×□＝216, □＝72

5 (㉮의 1분 동안의 회전수)＝56÷4＝14(번)

(㉯의 1분 동안의 회전수)＝48÷3＝16(번)

(㉮의 회전수) : (㉯의 회전수)＝14 : 16이므로

(㉮의 톱니 수) : (㉯의 톱니 수)＝16 : 14입니다.

㉮의 톱니를 □개라 하여 비례식을 세우면

16 : 14＝□ : 35입니다.

➡ 16×35＝14×□, 14×□＝560, □＝40

6 삼각형 ㄱㄴㄹ과 삼각형 ㄹㄴㄷ의 높이가 같으므로

(삼각형 ㄱㄴㄹ의 넓이) : (삼각형 ㄹㄴㄷ의 넓이)＝8 : 5입니다.

삼각형 ㄹㄴㄷ의 넓이를 □ cm²라 하여 비례식을 세우면 8 : 5＝96 : □입니다.

➡ 8×□＝5×96, 8×□＝480, □＝60

따라서 삼각형 ㄱㄴㄷ의 넓이는

96＋60＝156(cm²)입니다.

7 기차로 간 거리를 1이라 하면

(택시로 간 거리) : (기차로 간 거리)＝$\frac{2}{9}$: 1이고 이 비의 전항과 후항에 9를 곱하면 2 : 9가 됩니다.

따라서 영준이가 기차로 간 거리는

$99 \times \frac{9}{2+9} = 99 \times \frac{9}{11} = 81$(km)입니다.

8 $15\% = \frac{15}{100} = 0.15$이므로

㉮×0.15＝㉯×0.35 ➡ ㉮ : ㉯＝0.35 : 0.15입니다.

0.35 : 0.15의 전항과 후항에 100을 곱하면 35 : 15가 되고, 35 : 15의 전항과 후항을 5로 나누면 7 : 3이 됩니다.

㉮의 넓이를 □cm²라 하여 비례식을 세우면
$7 : 3 = □ : 30$입니다.

⇨ $7 × 30 = 3 × □$, $3 × □ = 210$, $□ = 70$

9 (연서) : (현수)$= 360$만 $: 300$만이고 이 비의 전항과 후항을 60만으로 나누면 $6 : 5$가 됩니다.

이익금이 121만 원일 때 현수가 얻는 이익금은

121만$× \dfrac{5}{6+5} = 121$만$× \dfrac{5}{11} = 55$만(원)입니다.

따라서 165만$÷55$만$= 3$(배)이므로 이익금이 165만 원이 되려면 현수는 처음 투자한 금액의 3배인 300만$× 3 = 900$만(원)을 투자해야 합니다.

10 이번 달 남학생 수는

$570 × \dfrac{10}{10+9} = 570 × \dfrac{10}{19} = 300$(명)이고,

여학생 수는 $570 - 300 = 270$(명)입니다.

지난달 남학생 수를 □명이라 하여 비례식을 세우면
$16 : 15 = □ : 270$입니다.

⇨ $16 × 270 = 15 × □$, $15 × □ = 4320$, $□ = 288$

따라서 전학을 온 남학생은 $300 - 288 = 12$(명)입니다.

11 ㉮ 페인트 450 mL로 칠할 수 있는 벽의 넓이를 □m²라 하여 비례식을 세우면 $5 : 600 = □ : 450$입니다.

⇨ $5 × 450 = 600 × □$, $600 × □ = 2250$,
$□ = 3.75$

㉯ 페인트 850 mL로 칠할 수 있는 벽의 넓이를 △m²라 하여 비례식을 세우면 $1 : 200 = △ : 850$입니다.

⇨ $1 × 850 = 200 × △$, $200 × △ = 850$,
$△ = 4.25$

따라서 ㉮ 페인트 450 mL와 ㉯ 페인트 850 mL로 칠할 수 있는 벽의 넓이의 합은
$3.75 + 4.25 = 8(m^2)$입니다.

12 (방석을 만드는 데 사용한 빨간색 천의 넓이)

$= 810 × \dfrac{5}{5+4} = 810 × \dfrac{5}{9} = 450(cm^2)$

(주머니를 만드는 데 사용한 빨간색 천의 넓이)

$= 320 × \dfrac{2}{3+2} = 320 × \dfrac{2}{5} = 128(cm^2)$

따라서 진아가 방석과 주머니를 만드는 데 사용한 빨간색 천은 모두 $450 + 128 = 578(cm^2)$입니다.

복습 최상위권 문제　　　**32~33쪽**

1 375 L	**2** 230 m
3 18000원	**4** 5 m
5 60 cm	**6** 2시간 40분

1 비법 PLUS⁺
(1분 동안 수조에 차는 물의 양)
＝(1분 동안 수도꼭지에서 나오는 물의 양)
　－(1분 동안 수조에서 구멍으로 새는 물의 양)

(1분 동안 나오는 물의 양)$= 35 ÷ 2 = 17.5(L)$
1분 동안 수조에서 구멍으로 새는 물의 양을 □L라 하여 비례식을 세우면 $7 : 2 = 17.5 : □$입니다.

⇨ $7 × □ = 2 × 17.5$, $7 × □ = 35$, $□ = 5$
(1분 동안 수조에 차는 물의 양)
$= 17.5 - 5 = 12.5(L)$
따라서 30분 후 이 수조에 들어 있는 물은
$12.5 × 30 = 375(L)$입니다.

2 기차의 길이를 □m라 하면 터널을 완전히 통과하는 데 지나는 거리는 $(850 + □)$ m이고, 다리를 완전히 건너는 데 지나는 거리는 $(418 + □)$ m이므로 비례식을 세우면 $15 : (850 + □) = 9 : (418 + □)$입니다.

⇨ $15 × (418 + □) = (850 + □) × 9$,
$6270 + 15 × □ = 7650 + 9 × □$,
$6 × □ = 1380$, $□ = 230$

3 비법 PLUS⁺
먼저 수아가 가지고 있는 돈과 지헌이가 가지고 있는 돈의 비를 구합니다.

(수아가 가지고 있는 돈)$× \dfrac{2}{5}$

$=$(지헌이가 가지고 있는 돈)$× \dfrac{3}{8}$

⇨ (수아가 가지고 있는 돈) : (지헌이가 가지고 있는 돈)
$= \dfrac{3}{8} : \dfrac{2}{5}$

$\dfrac{3}{8} : \dfrac{2}{5}$의 전항과 후항에 40을 곱하면 $15 : 16$이 됩니다.

수아가 가지고 있는 돈을 $(15 × □)$원, 지헌이가 가지고 있는 돈을 $(16 × □)$원이라 하면
$16 × □ - 15 × □ = 3000$, $□ = 3000$이므로 수아가 가지고 있는 돈은 $15 × 3000 = 45000$(원)입니다.

따라서 모자의 가격은 $45000 × \dfrac{2}{5} = 18000$(원)입니다.

4 두 막대를 각각 ㉮, ㉯라 하면 두 막대가 물에 잠긴

부분은 ㉮의 길이의 $\dfrac{5}{9}$, ㉯의 길이의 $\dfrac{5}{6}$입니다.

연못의 깊이는 일정하므로

㉮$\times\dfrac{5}{9}$=㉯$\times\dfrac{5}{6}$ $\Rightarrow$ ㉮ : ㉯ $=\dfrac{5}{6}:\dfrac{5}{9}$입니다.

$\dfrac{5}{6}:\dfrac{5}{9}$의 전항과 후항에 18을 곱하면 15 : 10이 되

고, 15 : 10의 전항과 후항을 5로 나누면 3 : 2가 됩

니다.

(㉮의 길이)$=15\times\dfrac{3}{3+2}=15\times\dfrac{3}{5}=9$(m)

따라서 연못의 깊이는 ㉮ 막대가 물에 잠긴 부분의

길이와 같으므로 $9\times\dfrac{5}{9}=5$(m)입니다.

5 선분 ㄱㄷ의 길이는 선분 ㄱㄴ의 길이의 $\dfrac{7}{7+5}=\dfrac{7}{12}$,

선분 ㄱㄹ의 길이는 선분 ㄱㄴ의 길이의

$\dfrac{4}{4+5}=\dfrac{4}{9}$입니다.

선분 ㄹㄷ의 길이는 선분 ㄱㄴ의 길이의

$\dfrac{7}{12}-\dfrac{4}{9}=\dfrac{5}{36}$이고 20 cm이므로 선분 ㄱㄴ의

길이는 $20\div\dfrac{5}{36}=20\times\dfrac{36}{5}=144$(cm)입니다.

따라서 선분 ㄷㄴ의 길이는

$144\times\dfrac{5}{7+5}=144\times\dfrac{5}{12}=60$(cm)입니다.

6 비법 PLUS ⁺ (논 ㉮와 ㉯에 모내기를 하는 데 걸리는 시
간의 비)=(논 ㉮와 ㉯의 넓이의 비)

㉮의 가로를 5, 세로를 4라고 하면 둘레는

$(5+4)\times2=18$이므로 ㉯의 둘레도 18입니다.

이때, ㉯의 가로가 세로의 2배이므로 가로와 세로의

비는 2 : 1이 되고,

㉯의 가로는 $(18\div2)\times\dfrac{2}{2+1}=9\times\dfrac{2}{3}=6$,

세로는 $(18\div2)\times\dfrac{1}{2+1}=9\times\dfrac{1}{3}=3$입니다.

㉮와 ㉯에 모내기를 하는 데 걸리는 시간의 비는 ㉮와

㉯의 넓이의 비와 같으므로 ㉮에 모내기를 하는 데 걸

리는 시간을 □시간이라 하여 비례식을 세우면

$(5\times4):(6\times3)=$□$:2.4$, 20 : 18=□$:2.4$입니다.

$\Rightarrow20\times2.4=18\times$□, $18\times$□$=48$, □$=2\dfrac{2}{3}$

따라서 $2\dfrac{2}{3}$시간은 2시간 40분이므로 ㉮에 모내기를

하는 데 걸리는 시간은 2시간 40분입니다.

---

⑤ 원의 넓이

복습 **상위권 문제** 34~35쪽

1 63 cm	**2** 219.36 cm
3 30 cm	**4** 86.8 cm²
5 113.04 cm²	**6** 26.25 m

1 (자동차 바퀴를 한 바퀴 굴렸을 때 굴러간 거리)

$=1171.8\div6=195.3$(cm)

$\Rightarrow$ (자동차 바퀴의 지름)$=195.3\div3.1=63$(cm)

2

• 곡선 부분에 사용한 끈의 길이의 합은 반지름이

12 cm인 원의 원주와 같습니다.

• 직선 부분에 사용한 끈의 길이의 합은 원의 반지름

의 12배와 같습니다.

$\Rightarrow$ (사용한 끈의 길이)

$=$(곡선 부분에 사용한 끈의 길이의 합)

$+$(직선 부분에 사용한 끈의 길이의 합)

$=12\times2\times3.14+12\times12$

$=75.36+144=219.36$(cm)

3 곡선 부분 2개를 이어 붙인 길이는 반지름이 6 cm

인 원의 원주의 $\dfrac{1}{2}$과 같습니다.

• (곡선 부분의 길이의 합)

$=6\times2\times3\times\dfrac{1}{2}=18$(cm)

• (직선 부분의 길이의 합)$=6\times2=12$(cm)

$\Rightarrow$ (색칠한 부분의 둘레)

$=$(곡선 부분의 길이의 합)$+$(직선 부분의 길이의 합)

$=18+12=30$(cm)

4 (색칠한 부분의 넓이)

$=\left(\text{반지름이 10 cm인 원의 넓이의 }\dfrac{1}{2}\right)$

$\quad-\left(\text{반지름이 6 cm인 원의 넓이의 }\dfrac{1}{2}\right)$

$\quad-(\text{반지름이 2 cm인 원의 넓이})$

$=10\times10\times3.1\times\dfrac{1}{2}-6\times6\times3.1\times\dfrac{1}{2}$

$\quad-2\times2\times3.1$

$=155-55.8-12.4=86.8$(cm²)

5 원이 지나간 자리는 그림과 같습니다.

- 직사각형의 가로는
  (원의 원주)$\times 2 = 2 \times 2 \times 3.14 \times 2 = 25.12$(cm)이고, 세로는 (원의 반지름)$\times 2 = 2 \times 2 = 4$(cm)이므로 직사각형의 넓이는 $25.12 \times 4 = 100.48$(cm^2)입니다.
- 반원 2개의 넓이의 합은 반지름이 2 cm인 원의 넓이와 같으므로 $2 \times 2 \times 3.14 = 12.56$(cm^2)입니다.
  $\Rightarrow$ (원이 지나간 자리의 넓이)
  $= $(직사각형의 넓이)$+$(반원 2개의 넓이의 합)
  $= 100.48 + 12.56 = 113.04$(cm^2)

6 폭이 1.25 m씩 차이가 있으므로 8번 경주로의 곡선 구간의 지름은
$40 + 1.25 \times 7 \times 2 = 40 + 17.5 = 57.5$(m)입니다.
- (1번 경주로 한쪽 곡선 구간의 거리)
  $= 40 \times 3 \div 2 = 60$(m)
- (8번 경주로 한쪽 곡선 구간의 거리)
  $= 57.5 \times 3 \div 2 = 86.25$(m)
따라서 공정한 경기를 하려면 8번 경주로에서 달리는 사람은 1번 경주로에서 달리는 사람보다 $86.25 - 60 = 26.25$(m) 더 앞에서 출발하면 됩니다.

복습 상위권 문제 확인과 응용 **36~39쪽**

1 639 m	**2** 235.5 cm^2
3 154 cm	**4** 36.48 cm^2
5 43.4 cm	**6** 18 cm
7 84 cm	**8** 259.2 cm^2
9 1323 cm^2	**10** 82.24 cm^2
11 93.75 cm^2	**12** 99.2 cm^2

1 (운동장의 둘레)$=$(직선 구간과 곡선 구간의 거리의 합)
- (직선 구간의 거리의 합)$= 60 \times 2 = 120$(m)
- (곡선 구간의 거리의 합)$= 30 \times 3.1 = 93$(m)
  $\Rightarrow$ (승현이가 달린 거리)$=$(운동장의 둘레)$\times 3$
  $= (120 + 93) \times 3 = 639$(m)

2 4개의 원에서 색칠하지 않은 부분의 넓이의 합은 원 한 개의 넓이와 같습니다.
  $\Rightarrow$ (색칠한 부분의 넓이)
  $= $(원 4개의 넓이의 합)$-$(원 한 개의 넓이)
  $= $(원 3개의 넓이의 합)
  $= 5 \times 5 \times 3.14 \times 3 = 235.5$(cm^2)

---

3 원의 반지름이 7 cm이므로 직사각형의 가로는 $7 \times 3 = 21$(cm)입니다.
직선 부분의 길이의 합은 직사각형의 둘레와 같으므로 $(21 + 14) \times 2 = 70$(cm)입니다.
곡선 부분의 길이의 합은 지름이 14 cm인 원의 원주의 2배와 같으므로 $14 \times 3 \times 2 = 84$(cm)입니다.
  $\Rightarrow$ (색칠한 부분의 둘레)
  $= $(직선 부분의 길이의 합)$+$(곡선 부분의 길이의 합)
  $= 70 + 84 = 154$(cm)

4

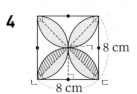

(빗금 친 부분의 넓이)
$= \left(\text{반지름이 4 cm인 원의 넓이의 } \frac{1}{2}\right)$
$\quad - (\text{삼각형 ㄱㄴㄷ의 넓이})$
$= 4 \times 4 \times 3.14 \times \frac{1}{2} - 8 \times 4 \div 2$
$= 25.12 - 16 = 9.12$(cm^2)
  $\Rightarrow$ (색칠한 부분의 넓이)$=$(빗금 친 부분의 넓이)$\times 4$
  $= 9.12 \times 4 = 36.48$(cm^2)

5

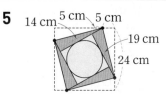

정사각형을 접었을 때 생기는 직각삼각형은 밑변의 길이가 5 cm, 높이가 $24 - 5 = 19$(cm)입니다.
(가장 작은 정사각형의 한 변의 길이)
$= 19 - 5 = 14$(cm)
  $\Rightarrow$ (원의 지름)$=$(가장 작은 정사각형의 한 변의 길이)이므로 가장 작은 정사각형 안에 들어갈 수 있는 가장 큰 원의 원주는 $14 \times 3.1 = 43.4$(cm)입니다.

6 겹쳐진 부분의 넓이는 원의 넓이의 $\frac{1}{4}$입니다.
(겹쳐진 부분의 넓이)
$= 12 \times 12 \times 3 \times \frac{1}{4} = 108$(cm^2)

(사다리꼴의 넓이)$= 108 \div \frac{3}{5}$
$= 108 \times \frac{5}{3} = 180$(cm^2)

따라서 사다리꼴에서 (변 ㄴㄷ)$=\square$ cm라 하면
$(12 + \square) \times 12 \div 2 = 180$, $(12 + \square) \times 12 = 360$,
$12 + \square = 30$, $\square = 18$입니다.

7

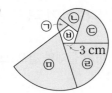

㉠, ㉡, ㉢, ㉣, ㉤은 각각 원의 $\frac{1}{5}$이고,

㉡의 반지름은 $3+3=6$(cm),

㉢의 반지름은 $6+3=9$(cm),

㉣의 반지름은 $9+3=12$(cm),

㉤의 반지름은 $12+3=15$(cm)입니다.

(색칠한 부분의 둘레)

$=\underbrace{3\times2\times3\times\frac{1}{5}}_{㉠의 곡선}+\underbrace{6\times2\times3\times\frac{1}{5}}_{㉡의 곡선}+\underbrace{9\times2\times3\times\frac{1}{5}}_{㉢의 곡선}$

$+\underbrace{12\times2\times3\times\frac{1}{5}}_{㉣의 곡선}+\underbrace{15\times2\times3\times\frac{1}{5}}_{㉤의 곡선}+\underbrace{15+3\times5}_{\substack{㉤의 직선 한 부분\\㉥의 둘레}}$

$=3.6+7.2+10.8+14.4+18+15+15$

$=84$(cm)

8 원의 지름이 $37.2\div3.1=12$(cm)이므로 원의 반지름은 $12\div2=6$(cm)입니다.

(원 8개의 넓이의 합)

$=6\times6\times3.1\times8=892.8$(cm^2)

(직사각형의 넓이)

$=$(원의 지름의 4배)$\times$(원의 지름의 2배)

$=48\times24=1152$(cm^2)

⇨ (색칠하지 않은 부분의 넓이)

$=$(직사각형의 넓이)$-$(원 8개의 넓이의 합)

$=1152-892.8=259.2$(cm^2)

9 원이 지나간 자리는 그림과 같습니다.

- 직사각형의 가로는 $6\times14=84$(cm)이고, 직사각형의 세로는 $7\times2=14$(cm)이므로 직사각형의 넓이는 $84\times14=1176$(cm^2)입니다.
- 반원 2개의 넓이의 합은 반지름이 7 cm인 원의 넓이와 같으므로 $7\times7\times3=147$(cm^2)입니다.

⇨ (원이 지나간 자리의 넓이)

$=$(직사각형의 넓이)$+$(반원 2개의 넓이의 합)

$=1176+147=1323$(cm^2)

10

원을 12등분하였으므로

(각 ㄱㅇㄴ)

$=360°\div12\times3=90°$,

(각 ㄴㅇㄷ)$=360°\div12\times3=90°$입니다.

⇨ (색칠한 부분의 넓이)

$=$(삼각형 ㄱㅇㄴ의 넓이)

$\quad+\left(\text{반지름이 8 cm인 원의 넓이의 }\frac{1}{4}\right)$

$=8\times8\div2+8\times8\times3.14\times\frac{1}{4}$

$=32+50.24=82.24$(cm^2)

11 ・(8점부터 10점까지 얻을 수 있는 원의 반지름)

$=(5+5+5)\div2=7.5$(cm)

・(9점부터 10점까지 얻을 수 있는 원의 반지름)

$=(5+5)\div2=5$(cm)

⇨ (8점을 얻을 수 있는 부분의 넓이)

$=$(8점부터 10점까지 얻을 수 있는 원의 넓이)

$\quad-$(9점부터 10점까지 얻을 수 있는 원의 넓이)

$=7.5\times7.5\times3-5\times5\times3$

$=168.75-75=93.75$(cm^2)

12 태극 문양의 반지름을 □ cm라 하면 파란색 부분의 둘레는 반지름이 □ cm인 원의 원주의 $\frac{1}{2}$과 지름이 □ cm인 원의 원주의 합과 같으므로

$□\times2\times3.1\times\frac{1}{2}+□\times3.1=49.6$,

$□\times3.1+□\times3.1=49.6$, $□\times6.2=49.6$,

$□=8$입니다.

⇨ (파란색 부분의 넓이)

$=\left(\text{반지름이 8 cm인 원의 넓이의 }\frac{1}{2}\right)$

$=8\times8\times3.1\times\frac{1}{2}=99.2$(cm^2)

복습 최상위권 문제		40~41쪽
1 62번	**2** 32.97 cm	
3 3배	**4** 25.12 cm	
5 25.95 cm^2	**6** 357.75 m^2	

1

> 비법 PLUS 반지름의 비가 ■ : ▲이면 원주의 비도
> ■ : ▲이므로 큰 바퀴가 ▲번 회전하는 동안 작은 바퀴는
> ■번 회전합니다.

두 바퀴의 반지름의 비가 20 : 16이면 원주의 비도 20 : 16이므로 큰 바퀴가 16번 회전하는 동안 작은 바퀴는 20번 회전합니다.

큰 바퀴의 회전수를 $(16\times□)$번, 작은 바퀴의 회전수를 $(20\times□)$번이라 하면

$16×\square+20×\square=360$, $36×\square=360$, $\square=10$
이므로 큰 바퀴는 $16×10=160$(번), 작은 바퀴는
$20×10=200$(번) 회전한 것입니다.
큰 바퀴가 160번 회전할 때 움직인 벨트의 길이는
$20×2×3.1×160=19840$(cm)입니다.
따라서 3.2 m$=320$ cm이므로 벨트의 회전수는
$19840÷320=62$(번)입니다.

2 비법 PLUS⁺ 색칠한 두 부분의 넓이가 같으므로 직각삼각
형의 넓이와 원의 넓이의 $\frac{1}{2}$이 같습니다.

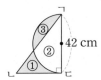

(①의 넓이)$+$(②의 넓이)
$=$(직각삼각형의 넓이),

(②의 넓이)$+$(③의 넓이)
$=\left(반지름이 21 cm인 원의 넓이의 \frac{1}{2}\right)$이고,

(①의 넓이)$=$(③의 넓이)이므로

(직각삼각형의 넓이)
$=\left(반지름이 21 cm인 원의 넓이의 \frac{1}{2}\right)$입니다.

따라서 (선분 ㄴㄷ)$=\square$ cm라 하면

$\square×42÷2=21×21×3.14×\frac{1}{2}$,

$\square×42÷2=692.37$, $\square×42=1384.74$,
$\square=32.97$입니다.

3 (선분 ㄴㄷ)$=2$ cm라 하면 (선분 ㄱㄴ)$=6$ cm,
(선분 ㄱㄷ)$=8$ cm입니다.
(㉮의 넓이)
$=\left(반지름 4 cm인 원의 넓이의 \frac{1}{2}\right)$

$+\left(반지름 3 cm인 원의 넓이의 \frac{1}{2}\right)$

$-\left(반지름 1 cm인 원의 넓이의 \frac{1}{2}\right)$

$=4×4×3×\frac{1}{2}+3×3×3×\frac{1}{2}-1×1×3×\frac{1}{2}$
$=24+13.5-1.5=36$(cm²)
(㉯의 넓이)
$=\left(반지름 4 cm인 원의 넓이의 \frac{1}{2}\right)$

$-\left(반지름 3 cm인 원의 넓이의 \frac{1}{2}\right)$

$+\left(반지름 1 cm인 원의 넓이의 \frac{1}{2}\right)$

$=4×4×3×\frac{1}{2}-3×3×3×\frac{1}{2}+1×1×3×\frac{1}{2}$
$=24-13.5+1.5=12$(cm²)
⇨ (㉮의 넓이)$÷$(㉯의 넓이)$=36÷12=3$(배)

4 비법 PLUS⁺ 원의 중심에서 직각삼각형의 꼭짓점에 선분을
그어 삼각형의 넓이를 이용하여 원의 반지름을 구합니다.

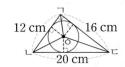

(삼각형 ㄱㄴㄷ의 넓이)
$=12×16÷2=96$(cm²)

(삼각형 ㄱㄴㄷ의 넓이)
$=$(삼각형 ㅇㄱㄴ의 넓이)$+$(삼각형 ㅇㄴㄷ의 넓이)
$\quad+$(삼각형 ㅇㄷㄱ의 넓이)이므로
원의 반지름을 $\square$ cm라 하면
$12×\square÷2+20×\square÷2+16×\square÷2=96$,
$6×\square+10×\square+8×\square=96$, $24×\square=96$,
$\square=4$ 입니다. 따라서 직각삼각형 안에 그린 원의 원
주는 $4×2×3.14=25.12$(cm)입니다.

5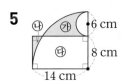

(㉮의 넓이)$-$(㉯의 넓이)
$=$(㉮와 ㉰의 넓이의 합)$-$(㉯와 ㉰의 넓이의 합)
$=\left(14×14×3.1×\frac{1}{4}-3×3×3.1×\frac{1}{2}\right)-14×8$
$=(151.9-13.95)-112$
$=137.95-112=25.95$(cm²)

6 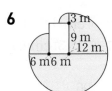 말이 움직일 수 있는 범위는 왼쪽
그림에서 색칠한 부분입니다.

⇨ (말이 움직일 수 있는 범위의 넓이)
$=\left(반지름이 12 m인 원의 넓이의 \frac{3}{4}\right)$

$+\left(반지름이 6 m인 원의 넓이의 \frac{1}{4}\right)$

$+\left(반지름이 3 m인 원의 넓이의 \frac{1}{4}\right)$

$=12×12×3×\frac{3}{4}+6×6×3×\frac{1}{4}$

$\quad+3×3×3×\frac{1}{4}$

$=324+27+6.75=357.75$(m²)

❻ 원기둥, 원뿔, 구

| 복습 | 상위권 문제 | 42~43쪽 |

1 119.2 cm **2** 100 cm, 240 cm²
3 12 cm **4** 12 cm
5 14.28 cm² **6** 2592 cm²

1 • (옆면의 가로)=(밑면의 둘레)=24.8 cm
 • (옆면의 세로)=(원기둥의 높이)=10 cm
 • (옆면의 둘레)=(24.8+10)×2
   =34.8×2=69.6(cm)
 ⇨ (전개도의 둘레)=24.8×2+69.6
   =49.6+69.6=119.2(cm)

2 원뿔을 앞에서 본 모양은 밑변의 길이가 48 cm이고 높이가 10 cm인 이등변삼각형입니다.
 • (앞에서 본 모양의 둘레)
   =26+48+26=100(cm)
 • (앞에서 본 모양의 넓이)
   =48×10÷2=240(cm²)

3 (옆면의 가로)=(밑면의 둘레)
   =7×2×3=42(cm)
 최대한 높은 상자를 만들 때 옆면의 세로는
 (종이의 가로)−(밑면의 지름)×2
 =40−7×2×2=40−28=12(cm)입니다.
 상자의 높이는 옆면의 세로와 같으므로 12 cm입니다.

4 (밑면의 지름)=(원기둥의 높이)=□ cm라 하면
 원기둥의 전개도에서 옆면의 가로는 (□×3) cm이고
 세로는 □ cm입니다.
 따라서 □×3+□+□×3+□=96,
 □×8=96, □=12입니다.

5 (돌리기 전의 평면도형의 넓이)
  =(원의 넓이의 $\frac{1}{4}$)
   +(직사각형의 넓이)
   +(원의 넓이의 $\frac{1}{4}$)
  =2×2×3.14×$\frac{1}{4}$+2×4+2×2×3.14×$\frac{1}{4}$
  =3.14+8+3.14=14.28(cm²)

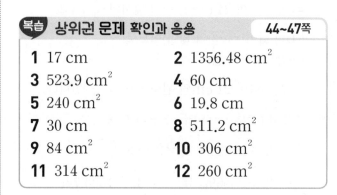

6 원기둥의 밑면의 반지름은 구의 반지름과 같으므로
 12 cm이고 원기둥의 높이는 구의 지름과 같으므로
 12×2=24(cm)입니다.
 원기둥의 전개도에서 옆면의 가로는
 12×2×3=72(cm)이고 세로는 24 cm입니다.
 • (한 밑면의 넓이)=12×12×3=432(cm²)
 • (옆면의 넓이)=72×24=1728(cm²)
 ⇨ (원기둥의 전개도의 넓이)
   =432×2+1728
   =864+1728=2592(cm²)

| 복습 | 상위권 문제 확인과 응용 | 44~47쪽 |

1 17 cm **2** 1356.48 cm²
3 523.9 cm² **4** 60 cm
5 240 cm² **6** 19.8 cm
7 30 cm **8** 511.2 cm²
9 84 cm² **10** 306 cm²
11 314 cm² **12** 260 cm²

1 (옆면의 가로)=(밑면의 둘레)
   =9×3.14=28.26(cm)
 원기둥의 높이를 □ cm라 하면
 28.26×2+(28.26+□+28.26+□)=147.04,
 113.04+□×2=147.04, □×2=34,
 □=17입니다.

2 (롤러의 옆면의 넓이)
   =3×2×3.14×12=226.08(cm²)
 ⇨ (페인트가 칠해진 부분의 넓이)
   =(롤러의 옆면의 넓이)×6
   =226.08×6=1356.48(cm²)

3 삼각형 ㄱㄴㄷ에서 변 ㄱㄴ과 변 ㄱㄷ은 구의 반지름으로 길이가 같습니다.
 구의 반지름을 □ cm라 하면 삼각형 ㄱㄴㄷ의 둘레가 37 cm이므로
 11+□+□=37, □+□=26, □=13입니다.
 따라서 구를 위에서 본 모양은 반지름이 13 cm인 원이므로 넓이는 13×13×3.1=523.9(cm²)입니다.

4 • 가로를 기준으로 돌렸을 때

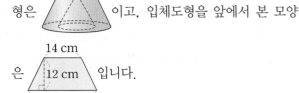

(옆면의 둘레)
$=(11\times2\times3+5)\times2$
$=(66+5)\times2=71\times2=142\text{(cm)}$

• 세로를 기준으로 돌렸을 때

(옆면의 둘레)
$=(5\times2\times3+11)\times2$
$=(30+11)\times2=41\times2=82\text{(cm)}$

⇨ (옆면의 둘레의 차)$=142-82=60\text{(cm)}$

5 평행사변형을 한 바퀴 돌렸을 때 만들어지는 입체도

형은 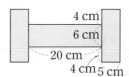 이고, 입체도형을 앞에서 본 모양

은 입니다.

⇨ (입체도형을 앞에서 본 모양의 넓이)
$=(14+26)\times12\div2$
$=40\times12\div2=240\text{(cm}^2)$

6 구를 앞에서 본 모양은 반지름이 8 cm인 원이므로
둘레는 $8\times2\times3.1=49.6\text{(cm)}$입니다.
원기둥을 앞에서 본 모양은 가로가 원기둥의 밑면의
지름과 같고 세로가 5 cm인 직사각형이므로 원기둥
의 밑면의 지름을 ☐ cm라 하면
$(☐+5)\times2=49.6$, $☐+5=24.8$, $☐=19.8$입니다.

7 밑면의 지름을 ☐ cm라 하면 원기둥의 전개도에서
옆면의 가로는 $(☐\times3)$ cm이고 세로는
$(☐\times3)$ cm입니다.
$☐\times3\times2+(☐\times3+☐\times3+☐\times3+☐\times3)$
$=180$, $☐\times18=180$, $☐=10$
따라서 원기둥의 높이는 밑면의 지름의 3배이므로
$10\times3=30\text{(cm)}$입니다.

8 사용한 포장지는 직사각형
모양으로 가로는 오른쪽 그
림에서 굵은 선의 길이와
같고, 세로는 9 cm입니다.

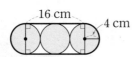

(포장지의 가로)=(반지름이 4 cm인 원의 원주)
  +(직선 부분의 길이의 합)
$=4\times2\times3.1+16\times2$
$=24.8+32=56.8\text{(cm)}$
⇨ (포장지의 넓이)$=56.8\times9=511.2\text{(cm}^2)$

9 주어진 입체도형의 전개도는 원기둥의 전개도입니다.
원기둥의 밑면의 반지름을 ☐ cm라 하면
$☐\times2\times3\times12=504$, $☐\times72=504$, $☐=7$입
니다.
따라서 돌리기 전의 평면도형은 가로가 7 cm이고
세로가 12 cm인 직사각형이므로 넓이는
$7\times12=84\text{(cm}^2)$입니다.

10 • (한 밑면의 넓이)$=4\times4\times3\times\dfrac{3}{4}=36\text{(cm}^2)$

• (옆면의 넓이)$=4\times2\times3\times\dfrac{3}{4}\times9+4\times9\times2$

$=162+72=234\text{(cm}^2)$

⇨ (필요한 색종이의 넓이)$=36\times2+234$
$=72+234$
$=306\text{(cm}^2)$

11 구의 중심을 지나도록 잘랐을 때 생기는 면이 가장
넓습니다.
자른 면의 반지름은 $20\div2=10\text{(cm)}$입니다.
⇨ (자른 면의 넓이)$=10\times10\times3.14=314\text{(cm}^2)$

12 입체도형을 앞에서 본 모양은 다음과 같습니다.

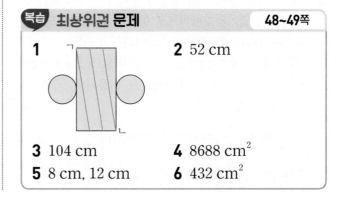

(앞에서 본 모양의 넓이)
$=5\times14+20\times6+5\times14$
$=70+120+70$
$=260\text{(cm}^2)$

복습 **최상위권 문제** | 48~49쪽

1 **2** 52 cm

3 104 cm **4** 8688 cm^2
5 $8\text{ cm}, 12\text{ cm}$ **6** 432 cm^2

1 가장 짧게 감았으므로 원기둥의 전개도에서 실의 위치는 직선으로 표시됩니다.

2 원뿔에서 모선의 길이는 모두 같으므로
(선분 ㄱㄴ)=(선분 ㄱㄷ)=(선분 ㄱㄹ)입니다.
삼각형 ㄱㄴㄷ은 두 변의 길이가 같고 한 각이 $60°$이므로 정삼각형이고 한 변의 길이는
$13×2=26(cm)$입니다.
따라서 필요한 철사의 길이는 $26×2=52(cm)$입니다.

3 비법 PLUS
(페인트가 칠해진 부분의 넓이)
=(롤러의 옆면의 넓이)×(롤러를 굴린 횟수)

(롤러의 옆면의 넓이)$=1440÷5=288(cm^2)$
롤러의 밑면의 반지름을 □ cm라 하면
$□×2×3×16=288$, $□×96=288$, $□=3$입니다.
⇨ (전개도의 둘레)
  $=(3×2×3)×2+(3×2×3+16)×2$
  $=36+68=104(cm)$

4 비법 PLUS
(기름이 묻은 부분의 넓이)
=(한 밑면의 넓이)×2+(원기둥의 옆면의 넓이)
  +(직육면체의 옆면의 넓이)

• (한 밑면의 넓이)$=20×20×3.14-8×8$
  $=1256-64=1192(cm^2)$
• (원기둥의 옆면의 넓이)$=20×2×3.14×40$
  $=5024(cm^2)$
• (직육면체의 옆면의 넓이)$=(8×40)×4$
  $=1280(cm^2)$
⇨ (기름이 묻은 부분의 넓이)
  $=1192×2+5024+1280-8688(cm^2)$

5 입체도형을 앞에서 본 모양의 넓이는 돌리기 전의 평면도형의 넓이의 2배이므로 돌리기 전의 평면도형의 넓이는 $160÷2=80(cm^2)$입니다.
$(㉠+㉡)×8÷2=80$, $㉠+㉡=80×2÷8=20$
$㉠:㉡=2:3$이므로 비례배분을 이용하여 ㉠과 ㉡의 길이를 각각 구합니다.
$㉠=20×\dfrac{2}{2+3}=20×\dfrac{2}{5}=8(cm)$,
$㉡=20×\dfrac{3}{2+3}=20×\dfrac{3}{5}=12(cm)$

6 비법 PLUS
주어진 직각삼각형을 한 변을 기준으로 $120°$ 돌려 만든 입체도형은 한 바퀴의 $\dfrac{120°}{360°}=\dfrac{1}{3}$만큼 돌려 만든 것입니다.

주어진 직각삼각형을 한 변을 기준으로 한 바퀴 돌려 만든 입체도형과 $120°$ 돌려 만든 입체도형은 각각 다음과 같습니다.

[한 바퀴 돌려 만든 입체도형]   [$120°$ 돌려 만든 입체도형]

직각삼각형을 $120°$ 돌려 만든 입체도형의 옆면의 넓이는 (굽은 면의 넓이)+(삼각형의 넓이)×2입니다.
$120°$ 돌려 만든 입체도형의 굽은 면의 넓이는 한 바퀴 돌려 만든 입체도형의 옆면의 넓이의 $\dfrac{120°}{360°}=\dfrac{1}{3}$입니다.
⇨ ($120°$ 돌려 만든 입체도형의 옆면의 넓이)
  $=720×\dfrac{1}{3}+(12×16÷2)×2$
  $=240+192=432(cm^2)$

✛ 개념·플러스·유형·시리즈 개념과 유형이 하나로! 가장 효과적인 수학 공부 방법을 제시합니다.

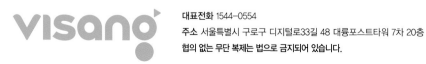

대표전화 1544-0554

주소 서울특별시 구로구 디지털로33길 48 대륭포스트타워 7차 20층

협의 없는 무단 복제는 법으로 금지되어 있습니다.

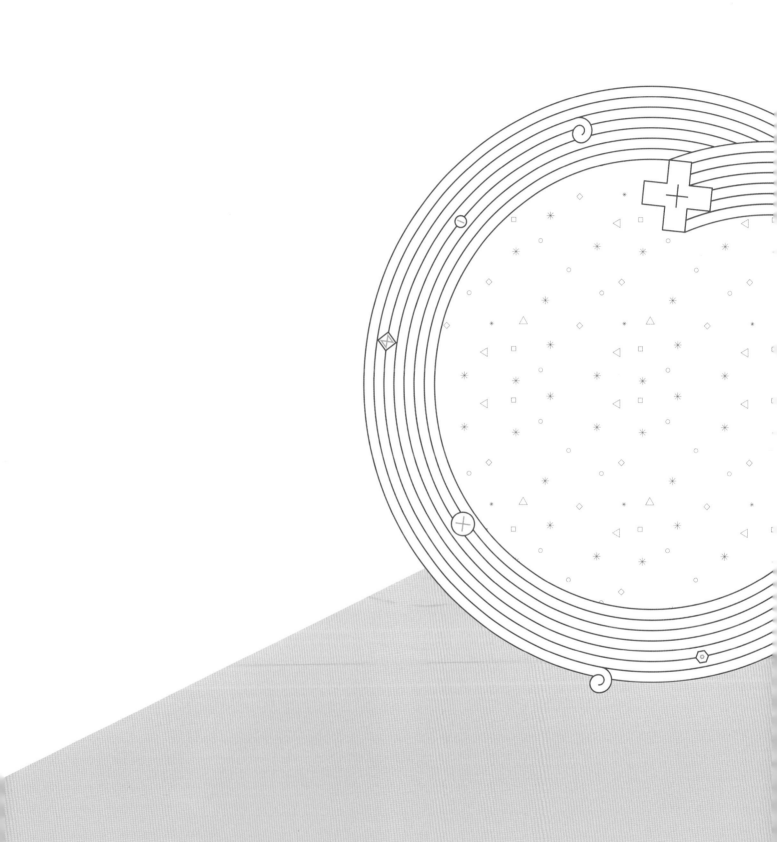

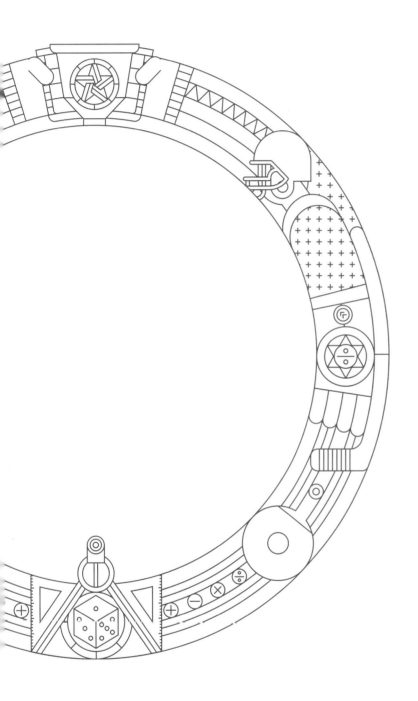

개념+유형 최상위탑

REVIEW BOOK

초등 수학

6·2

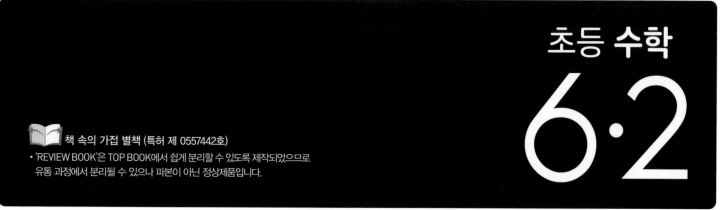

📖 책 속의 가접 별책 (특허 제 0557442호)

· 'REVIEW BOOK'은 TOP BOOK에서 쉽게 분리할 수 있도록 제작되었으므로 유통 과정에서 분리될 수 있으나 파본이 아닌 정상제품입니다.

15개정 교육과정

visang

ABOVE IMAGINATION

우리는 남다른 상상과 혁신으로
교육 문화의 새로운 전형을 만들어
모든 이의 행복한 경험과 성장에 기여한다

개념+유형
최상위 **탑**

Review Book

6·2

대표유형 1

• 바르게 계산한 값 구하기

어떤 수를 $\frac{4}{7}$ 로 나누어야 할 것을 잘못하여 곱했더니 2가 되었습니다. 바르게 계산한 값은 얼마인지 구해 보시오.

(   )

대표유형 2

• 전체에 대한 부분의 양 구하기

유진이네 반 전체 학생의 $\frac{4}{9}$ 는 여학생이고, 여학생은 12명입니다. 유진이네 반 남학생은 몇 명인지 구해 보시오.

(   )

대표유형 3

• 조건에 맞게 식을 세워 계산하기

가◆나＝(가＋나)÷나일 때, 다음을 계산해 보시오.

$$\frac{5}{6} \; \blacklozenge \; \frac{3}{4}$$

(   )

대표유형 4

• 도형의 넓이를 알 때 길이 구하기

밑변의 길이가 $5\frac{3}{4}$ cm이고 넓이가 $9\frac{1}{5}$ cm²인 삼각형이 있습니다. 이 삼각형의 높이는 몇 cm인지 구해 보시오.

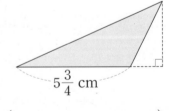

$5\frac{3}{4}$ cm

(   )

대표유형 **5**

• 칠할 수 있는 벽의 넓이 구하기

넓이가 $4\ \mathrm{m}^2$인 벽을 칠하는 데 $\dfrac{5}{8}$ L의 페인트를 사용했습니다. 15 L의 페인트로 칠할 수 있는 벽의 넓이는 몇 m^2인지 구해 보시오.

(   )

대표유형 **6**

• 몫이 가장 크거나 가장 작은 나눗셈식 만들기

혜지와 정우는 각자 가지고 있는 수 카드를 각각 한 번씩 사용하여 대분수를 만들었습니다. 두 사람이 만든 대분수로 몫이 가장 큰 나눗셈식을 만들 때, 몫을 구해 보시오.

혜지   2   3   4 ⋮ 5   6   9   정우

(   )

대표유형 **7**

• 일하는 데 걸리는 시간 구하기

어떤 일을 하는 데 준호는 3일 동안 전체의 $\dfrac{1}{4}$을 하고, 진아는 2일 동안 전체의 $\dfrac{1}{3}$을 합니다. 같은 빠르기로 두 사람이 함께 이 일을 하여 모두 마치려면 며칠이 걸리는지 구해 보시오. (단, 두 사람이 각각 하루 동안 할 수 있는 일의 양은 일정합니다.)

(   )

신유형 **8**

• 낮의 길이 또는 밤의 길이 구하기

우리나라의 절기 중 하나인 동지는 일 년 중에서 낮의 길이가 가장 짧고 밤의 길이가 가장 긴 날입니다. 어느 해 동짓날 낮의 길이가 밤의 길이의 $\dfrac{13}{17}$일 때, 밤의 길이는 몇 시간 몇 분인지 구해 보시오.

(   )

1 $2\dfrac{5}{8}$ 를 어떤 수로 나누었더니 몫이 $\dfrac{7}{10}$ 이 되었습니다. 어떤 수를 $\dfrac{5}{6}$ 로 나누었을 때의 몫을 구해 보시오.

(   )

2 $\begin{bmatrix} ㉮ & ㉯ \\ ㉰ & ㉱ \end{bmatrix} = ㉮ \div ㉱ + ㉯ \div ㉰$ 일 때, 다음을 계산해 보시오.

$$\begin{bmatrix} 2\dfrac{1}{4} & 3\dfrac{3}{7} \\[2mm] 1\dfrac{3}{5} & \dfrac{5}{12} \end{bmatrix}$$

(   )

3 □ 안에 들어갈 수 있는 자연수를 모두 구해 보시오. (단, $\dfrac{\square}{15}$ 는 기약분수입니다.)

$$\dfrac{3}{8} \div \dfrac{5}{8} < \dfrac{\square}{15} < 1\dfrac{7}{10} \div 1\dfrac{8}{9}$$

(   )

4 $4\dfrac{4}{5}$ L의 페인트를 6개의 통에 똑같이 나누어 담아 그중 1통을 모두 사용하여 넓이가 $3\ \text{m}^2$ 인 벽을 칠했습니다. 3 L의 페인트로 칠할 수 있는 벽의 넓이는 몇 m^2 인지 구해 보시오.

(   )

5 떨어뜨린 높이의 $\dfrac{7}{9}$ 만큼 일정하게 튀어 오르는 공이 있습니다. 이 공이 두 번째로 튀어 오른 높이가 $8\dfrac{1}{6}$ m일 때, 처음 공을 떨어뜨린 높이는 몇 m인지 구해 보시오.

(   )

6 어느 목공소에서는 길이가 $16\dfrac{4}{5}$ m인 나무 막대를 $1\dfrac{2}{5}$ m씩 자르려고 합니다. 한 번 자르는 데 걸리는 시간이 4분이라면 쉬지 않고 나무 막대를 모두 자르는 데 걸리는 시간은 몇 분인지 구해 보시오.

(   )

7 어떤 일을 현우 혼자서 하면 5일이 걸리고, 현우와 세희가 함께 하면 4일이 걸립니다. 이 일을 세희 혼자서 하면 며칠이 걸리는지 구해 보시오. (단, 두 사람이 각각 하루 동안 할 수 있는 일의 양은 일정합니다.)

(   )

비법 NOTE

8 삼각형 ㅁㄴㄷ의 넓이는 직사각형 ㄱㄴㄷㄹ의 넓이의 $\frac{4}{15}$입니다. 선분 ㅁㄴ은 몇 cm인지 구해 보시오.

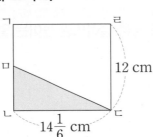

12 cm

$14\frac{1}{6}$ cm

( )

9 길이가 22 cm인 양초에 불을 붙이고 $2\frac{1}{10}$ 시간 후에 남은 양초의 길이를 재어 보니 $13\frac{3}{4}$ cm였습니다. 이 양초가 일정한 빠르기로 탄다면 남은 양초가 모두 타는 데 걸리는 시간은 몇 시간 몇 분인지 구해 보시오.

( )

10 지혜네 학교의 학생 수는 작년에 452명이었는데 올해 467명이 되었습니다. 또 올해 남학생 수는 작년 남학생 수의 $\frac{3}{47}$만큼 늘었고, 여학생 수는 변함이 없다고 합니다. 지혜네 학교의 올해 여학생은 몇 명인지 구해 보시오.

( )

비법 NOTE

창의융합형 문제

11 국보 제78호 금동 미륵보살 반가 사유상은 삼국 시대의 대표적인 불교 조각품 중 하나로 균형 잡힌 자세와 오묘한 표정, 아름다운 옷의 무늬와 주름의 형태로 유명합니다. 이는 일본의 조각 미술에도 큰 영향을 끼쳤으며 현재는 국립 중앙 박물관에 소장되어 있습니다. 반가 사유상의 상반신의 길이는 $\frac{1}{3}$ m이고, 전체 높이의 $\frac{5}{12}$입니다. 반가 사유상의 높이는 몇 m인지 구해 보시오.

▲ 금동 미륵보살 반가 사유상

(   )

창의융합 PLUS

✚ 반가 사유상
반가 사유상이란 오른쪽 다리를 왼쪽 허벅다리 위에 수평으로 얹고 걸터앉아, 오른손을 받쳐 뺨에 대고 생각에 잠겨 있는 부처의 상을 말합니다. 이러한 자세는 부처가 깨달음을 얻기 전에 인간의 생로병사를 고민하며 명상에 잠긴 모습에서 유래되었습니다.

12 2014년에 개통 50주년을 맞이한 일본의 고속 철도 신칸센은 50년간 단 한 명의 희생자도 없는 안전성으로 유명합니다. 길이가 $\frac{1}{5}$ km인 신칸센 열차가 일정한 빠르기로 길이가 $10\frac{19}{30}$ km인 어떤 다리를 완전히 통과하는 데 $2\frac{3}{5}$분이 걸렸습니다. 같은 빠르기로 이 신칸센 열차는 2시간 30분 동안 몇 km를 달릴 수 있는지 구해 보시오.

(   )

✚ 신칸센[新幹線(신간선)]
신칸센은 일본의 고속 철도로 최초의 신칸센은 1964년 도쿄올림픽에 맞추어 도쿄와 오사카를 연결한 도카이도 신칸센입니다.

1 다음 식에서 ★과 ♥는 자연수입니다. 다음 식이 성립할 수 있도록 하는 ★과 ♥에 알맞은 수의 쌍 (★, ♥)는 모두 몇 쌍인지 구해 보시오.

$$8 \div \frac{\bigstar}{6} = \heartsuit$$

(　　　　　　　　　　)

2 어느 식당에서는 식용유를 한 병 사서 산 식용유의 $\frac{1}{4}$을 월요일에 사용하고, 월요일에 사용하고 남은 식용유의 $\frac{1}{7}$을 화요일에 사용하고, 화요일에 사용하고 남은 식용유의 $\frac{3}{5}$을 수요일에 사용했습니다. 수요일에 사용하고 남은 식용유의 양이 $\frac{9}{10}$ L라면 처음에 산 식용유의 양은 몇 L인지 구해 보시오.

(　　　　　　　　　　)

3 빈 수조에 전체의 $\frac{5}{8}$만큼 물을 넣고 무게를 재어 보니 905 g이었고, 넣은 물의 $\frac{3}{10}$만큼을 사용한 후 다시 무게를 재어 보니 749 g이었습니다. 빈 수조의 무게는 몇 g인지 구해 보시오.

(　　　　　　　　　　)

4 오른쪽 그림과 같이 원 가, 나, 다는 서로 겹쳐져 있습니다. ㉠의 넓이는 원 나의 넓이의 $\frac{3}{8}$ 배이고, ㉡의 넓이는 원 다의 넓이의 $\frac{1}{3}$ 배입니다. ㉠의 넓이가 ㉡의 넓이의 2배라면 원 나의 넓이는 원 다의 넓이의 몇 배인지 구해 보시오.

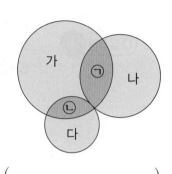

(   )

5 $1\frac{7}{8}$ 로 나누어도 몫이 자연수가 되고 $\frac{7}{12}$ 로 나누어도 몫이 자연수가 되는 분수 중에서 가장 작은 분수를 구해 보시오.

(   )

6 진주의 수학 점수는 국어 점수의 $1\frac{1}{3}$ 배이고, 사회 점수는 수학 점수의 $\frac{7}{8}$ 배입니다. 국어, 수학, 사회 점수의 평균이 84점이라면 국어 점수는 몇 점인지 구해 보시오.

(   )

대표유형 1

• 바르게 계산한 값 구하기

어떤 수를 2.8로 나누어야 할 것을 잘못하여 2.8을 곱했더니 3.92가 되었습니다. 바르게 계산한 값을 구해 보시오.

(   )

대표유형 2

• 도형의 넓이를 알 때 길이 구하기

오른쪽 삼각형의 넓이는 11.68 cm²이고 높이는 3.65 cm 입니다. 이 삼각형의 밑변의 길이는 몇 cm인지 구해 보시오.

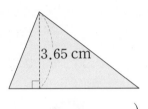

(   )

대표유형 3

• 남김없이 담을 때 더 필요한 양 구하기

보리쌀 524.3 kg을 한 자루에 8 kg씩 담아 판매하려고 합니다. 이 보리쌀을 자루에 담아 남김없이 모두 판매하려면 보리쌀은 적어도 몇 kg 더 필요한지 구해 보시오.

(   )

대표유형 4

• 몫의 소수 ■째 자리 숫자 구하기

몫의 소수 32째 자리 숫자를 구해 보시오.

$$84 \div 6.6$$

(   )

대표유형 5

• 수 카드로 나눗셈식을 만들어 몫 구하기

수 카드 2 , 7 , 6 , 5 를 한 번씩 모두 사용하여 몫이 가장 큰 (소수 한 자리 수) ÷(소수 한 자리 수)를 만들었을 때 그 몫을 구해 보시오.

(   )

대표유형 6

• 양초가 타는 데 걸리는 시간 구하기

길이가 22 cm인 양초가 있습니다. 이 양초에 불을 붙이면 1분에 1.2 mm씩 일정한 빠르기로 탑니다. 남은 양초의 길이가 16.6 cm가 되는 때는 이 양초에 불을 붙인 지 몇 분 후인지 구해 보시오.

(   )

대표유형 7

• 반올림하여 나타낸 몫을 보고 나누어지는 수 구하기

나눗셈의 몫을 반올림하여 자연수로 나타내면 8입니다. ㉠에 알맞은 수를 구해 보시오.

$$㉠.78 \div 0.9$$

(   )

신유형 8

• 필요한 페인트 통의 수 구하기

준영이네 아버지께서는 비가 많이 오기 전에 집의 지붕에 방수 페인트를 칠하려고 합니다. 지붕 5.5 m²를 칠하는 데에는 방수 페인트 2.2 L가 필요합니다. 준영이네 집 지붕의 전체 넓이는 66 m²이고 한 통에 들어 있는 방수 페인트는 3 L입니다. 준영이네 집 지붕을 모두 칠하려면 방수 페인트를 적어도 몇 통 사야 하는지 구해 보시오.

(   )

1 어떤 수를 8.7로 나누어야 할 것을 잘못하여 8.7을 곱했더니 43.5가 되었습니다. 바르게 계산했을 때의 몫을 반올림하여 소수 둘째 자리까지 나타내어 보시오.

(   )

2 삼각형 ㄱㄴㄷ에서 선분 ㄱㄹ은 몇 cm인지 구해 보시오.

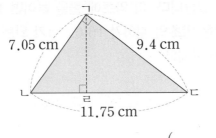

7.05 cm   9.4 cm

11.75 cm

(   )

3 수 카드를 한 번씩 모두 사용하여 (두 자리 수)÷(소수 두 자리 수)를 만들려고 합니다. 몫이 가장 클 때와 가장 작을 때의 몫을 각각 반올림하여 자연수로 나타내어 보시오.

2   0   3   6   8

몫이 가장 클 때 (   )

몫이 가장 작을 때 (   )

4 길이가 40 m인 직선 도로의 양쪽에 처음부터 끝까지 1.6 m 간격으로 가로수를 심었습니다. 가로수를 모두 몇 그루 심었는지 구해 보시오. (단, 가로수의 두께는 생각하지 않습니다.)

(   )

빠른 정답 6쪽 —— 정답과 풀이 46쪽

비법 NOTE

5 경유 $2.8\,\mathrm{L}$로 $37.8\,\mathrm{km}$를 갈 수 있는 트럭이 있습니다. 경유가 $1\,\mathrm{L}$에 1140원일 때, 이 트럭이 $567\,\mathrm{km}$를 가는 데 필요한 경유의 값을 구해 보시오.

(　　　　　　　　)

6 다음 나눗셈은 나누어떨어지지 않습니다. 이 나눗셈의 나누어지는 수에 가장 작은 수 ㉠을 더하여 나눗셈의 몫이 소수 첫째 자리에서 나누어떨어지게 만들려고 합니다. 이때, ㉠을 구해 보시오.

$7.28 \div 1.65$

(　　　　　　　　)

7 동훈이가 위인전을 어제까지 전체의 0.4만큼 읽었고, 오늘은 어제까지 읽고 남은 부분의 0.3만큼 읽었더니 63쪽이 남았습니다. 동훈이가 읽고 있는 위인전은 모두 몇 쪽인지 구해 보시오.

(　　　　　　　　)

8 석유 8 L가 들어 있는 통의 무게는 6.8 kg입니다. 이 통에서 석유 2.4 L 를 사용하고 무게를 다시 재어 보니 5 kg이었습니다. 빈 통의 무게는 몇 kg인지 구해 보시오.

(   )

9 1분에 0.7 cm씩 일정한 빠르기로 타는 양초가 있습니다. 이 양초에 불을 붙인 지 25분 후에 남은 양초의 길이를 재어 보니 처음 양초의 길이의 0.3만큼이었습니다. 처음 양초의 길이는 몇 cm인지 구해 보시오.

(   )

10 그림과 같이 길이가 18 cm인 색 테이프를 2.5 cm씩 겹치게 한 줄로 길게 이어 붙였더니 색 테이프의 전체 길이는 266 cm가 되었습니다. 이어 붙인 색 테이프는 모두 몇 장인지 구해 보시오.

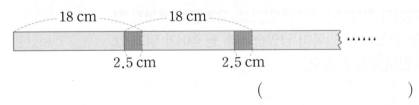

(   )

창의융합형 문제

11 전지 두 개 이상을 서로 같은 극끼리 연결하는 방법을 전지의 병렬연결이라고 합니다. 전지를 병렬연결할 경우 연결한 전지의 수와 상관없이 전체 전압은 전지 한 개일 때의 전압과 같은데 이는 전지 한 개에서 내는 전압이 전체 전압을 전지의 수만큼 똑같이 나눠서 내는 것이기 때문입니다. 민재와 수현이는 다음과 같이 1.5 V짜리 전지를 병렬연결하였습니다. 민재가 연결한 전지 한 개에서 내는 전압은 수현이가 연결한 전지 한 개에서 내는 전압의 몇 배인지 구해 보시오.

민재　　　　수현

(　　　　　　　)

창의융합 PLUS

✚ 전지의 연결 방법
• 전지의 직렬연결

• 전지의 병렬연결

12 물속에서 소리의 속도는 수온에 영향을 받습니다. 물속에서 수온이 0 ℃일 때 소리는 1초에 1.4 km를 이동하고, 수온이 1℃씩 높아지면 0.004 km씩 더 많이 이동합니다. 물속에서 소리가 8초 동안 이동한 거리가 11.52 km라면 수온은 몇 ℃인지 구해 보시오.

(　　　　　　　)

✚ 물속에서 소리의 속도
물속에서 소리의 속도는 수온 및 압력이 높아질수록 더 빨라집니다.

1 그림과 같은 직사각형 모양의 도화지를 잘라 한 변의 길이가 4.3 cm인 정사각형 모양을 될 수 있는 대로 많이 만들려고 합니다. 정사각형은 모두 몇 개 만들 수 있는지 구해 보시오.

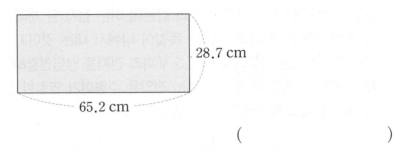

28.7 cm

65.2 cm

(   )

2 소현이의 현재 몸무게는 작년 몸무게의 1.2배인 42 kg입니다. 영주의 작년 몸무게는 38.95 kg이었고, 현재 몸무게는 44.63 kg입니다. 작년보다 현재 늘어난 몸무게는 소현이가 영주의 몇 배인지 반올림하여 소수 둘째 자리까지 나타내어 보시오.

(   )

3 5분 30초 동안 229.9 L의 물이 나오는 ㉮ 수도꼭지와 4분 45초 동안 176.7 L의 물이 나오는 ㉯ 수도꼭지가 있습니다. ㉮와 ㉯ 수도꼭지에서 1분 동안 나오는 물의 양이 각각 일정할 때, 두 수도꼭지를 동시에 틀어서 458.2 L의 물을 받으려면 몇 분 몇 초가 걸리는지 구해 보시오.

(   )

4 삼각형 ㄱㄴㄷ의 넓이는 삼각형 ㄹㄴㄷ의 넓이의 1.24배입니다. 삼각형 ㄱㄴㄷ의 넓이가 55.8 cm²라면 변 ㄹㄷ은 몇 cm인지 구해 보시오.

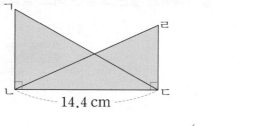

(　　　　　　　)

5 1시간에 56.4 km씩 가는 배가 있습니다. 강물이 1시간 45분에 35 km씩 일정한 빠르기로 흐른다면 이 배가 강물이 흐르는 방향으로 305.6 km를 가는 데 몇 시간이 걸리는지 구해 보시오.

(　　　　　　　)

6 길이가 75 m인 고속 열차가 한 시간에 264 km를 달립니다. 이 고속 열차가 같은 빠르기로 길이가 0.4 km인 터널을 완전히 통과하는 데 걸리는 시간은 몇 분인지 반올림하여 소수 둘째 자리까지 나타내어 보시오.

(　　　　　　　)

● 쌓기나무로 쌓은 모양을 어느 방향에서 보았는지 알아보기

대표유형 1

왼쪽은 쌓기나무로 쌓은 모양을 보고 위에서 본 모양에 수를 쓴 것입니다. 오른쪽
쌓기나무로 쌓은 모양은 어느 방향에서 본 것인지 기호를 써 보시오.

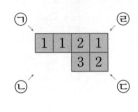　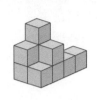

(　　　　　　　　　　　)

● ■층에 있는 쌓기나무의 개수 구하기

대표유형 2

쌓기나무로 쌓은 모양을 보고 오른쪽과 같이 위에서 본 모양에 수
를 썼습니다. 2층과 3층에 있는 쌓기나무는 모두 몇 개인지 구해
보시오.

위

2	2	4	5
1		2	3
1			1

(　　　　　　　　　　　)

● 새롭게 만든 모양을 보고 사용한 두 가지 모양 찾기

대표유형 3

왼쪽 모양은 쌓기나무를 4개씩 붙여 만든 가, 나, 다, 라 모양 중에서 두 가지를 사
용하여 만든 새로운 모양입니다. 사용한 두 가지 모양을 찾아 써 보시오.

　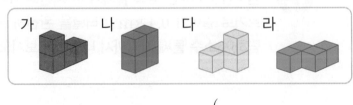

(　　　　　　　　　　　)

대표유형 4

• 정육면체 모양을 만들 때 더 필요한 쌓기나무의 개수 구하기

오른쪽은 쌓기나무로 쌓은 모양과 위에서 본 모양입니다. 쌓은 모양에 쌓기나무를 더 쌓아 가장 작은 정육면체 모양을 만들려고 합니다. 쌓기나무는 몇 개 더 필요한지 구해 보시오.

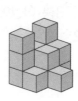 

위에서 본 모양

(   )

대표유형 5

• 위, 앞, 옆에서 본 모양을 보고 쌓은 쌓기나무의 최대, 최소 개수 구하기

쌓기나무로 쌓은 모양을 위, 앞, 옆에서 본 모양입니다. 쌓기나무가 가장 많을 때와 가장 적을 때 쌓기나무는 각각 몇 개인지 구해 보시오.

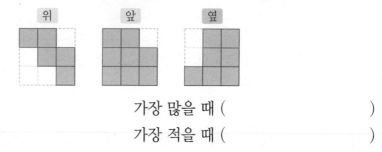

위   앞   옆

가장 많을 때 (   )

가장 적을 때 (   )

신유형 6

• 보이지 않는 쌓기나무가 있을 때 쌓기나무의 개수 구하기

전남 광양만에는 수많은 컨테이너들이 쌓여 있습니다. 쌓여 있는 컨테이너의 모양이 오른쪽 쌓기나무로 쌓은 모양과 같을 때 컨테이너가 가장 많이 쌓여 있는 경우와 가장 적게 쌓여 있는 경우의 컨테이너 개수의 차는 몇 개인지 구해 보시오. (단, 뒤쪽에 쌓인 컨테이너는 보이지 않을 수 있습니다.)

 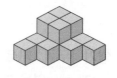

(   )

1 쌓기나무로 쌓은 모양을 보고 오른쪽과 같이 위에서 본 모양에 수를 썼습니다. 3층 이상에 있는 쌓기나무는 모두 몇 개인지 구해 보시오.

(   )

위

		1	5
1	1	3	4
	3	2	1
	4	2	

2 왼쪽 직육면체 모양에서 쌓기나무를 몇 개 빼냈더니 오른쪽과 같은 모양이 되었습니다. 빼낸 쌓기나무는 몇 개인지 구해 보시오.

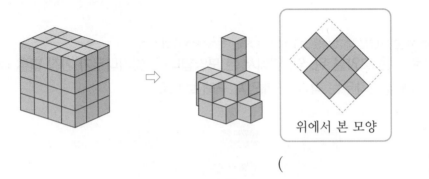

위에서 본 모양

(   )

3 가 모양은 쌓기나무 2개를 이어 붙여서 만든 것이고 나 모양은 가 모양을 사용하여 만든 것입니다. 나 모양은 가 모양을 몇 개 사용하여 만든 것인지 구해 보시오.

가   나

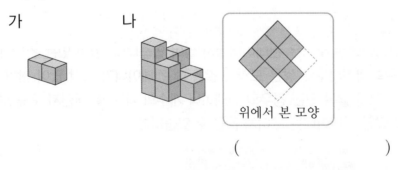

위에서 본 모양

(   )

4 오른쪽은 쌓기나무 13개로 쌓은 모양입니다. 빨간색 쌓기나무를 3개 빼내었을 때 위, 앞, 옆에서 본 모양을 각각 그려 보시오.

위   앞   옆

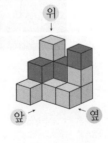

위

앞   옆

5 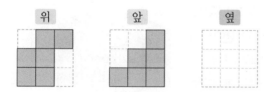 모양에 쌓기나무 1개를 더 붙여서 만들 수 있는 모양은 모두 몇 가지인지 구해 보시오. (단, 뒤집거나 돌렸을 때 같은 모양은 한 가지로 생각합니다.)

(   )

비법 NOTE

6 쌓기나무 11개로 쌓은 모양을 위와 앞에서 본 모양입니다. 옆에서 본 모양을 그려 보시오.

위   앞   옆

7 쌓기나무 8개를 사용하여 (조건)을 모두 만족하는 모양을 만들려고 합니다. 만들 수 있는 모양은 모두 몇 가지인지 구해 보시오. (단, 돌렸을 때 같은 모양은 한 가지로 생각합니다.)

┌(조건)
· 쌓기나무로 쌓은 모양은 3층입니다.
· 각 층의 쌓기나무의 개수는 모두 다릅니다.
· 위에서 본 모양은 ⬚ 입니다.

(   )

8 위, 앞, 옆에서 본 모양을 보고 쌓기나무를 쌓아 모양을 만들려고 합니다. 모두 몇 가지로 만들 수 있는지 구해 보시오. (단, 돌렸을 때 같은 모양은 한 가지로 생각합니다.)

비법 NOTE

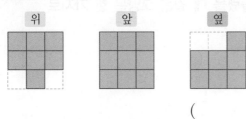

( )

9 오른쪽과 같이 직육면체 모양으로 쌓은 쌓기나무의 바깥쪽 면에 페인트를 칠하려고 합니다. 한 면이 색칠되는 쌓기나무와 세 면이 색칠되는 쌓기나무 개수의 차는 몇 개인지 구해 보시오. (단, 바닥에 닿는 면도 칠합니다.)

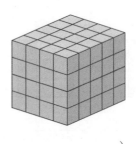

( )

10 쌓기나무 16개로 쌓은 모양을 위, 앞, 옆에서 본 모양입니다. 쌓은 모양을 앞에서 볼 때, 보이지 않는 쌓기나무는 모두 몇 개인지 구해 보시오.

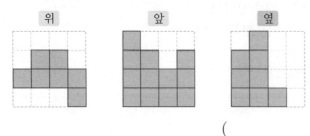

( )

💡창의융합형 문제

11 선우는 5개의 정육면체를 면끼리 붙여서 만든 펜타 큐브 조각을 사용하여 오른쪽과 같은 모양을 만들었습니다. 모양을 만들 때 펜타 큐브 조각 중 ㉠과 또 다른 2개의 조각을 더 사용했다면 더 사용한 조각은 무엇인지 모두 찾아 기호를 써 보시오.

위에서 본 모양

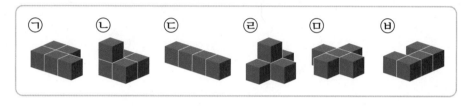

㉠　㉡　㉢　㉣　㉤　㉥

(　　　　　)

창의융합 PLUS

✚ 펜타 큐브
정육면체의 면과 면을 붙여서 만든 입체도형을 폴리 큐브라고 하고 폴리 큐브 중에서 5개의 정육면체로 만든 도형을 펜타 큐브라고 합니다. 펜타 큐브는 29가지의 모양이 있습니다.

12 불국사는 신라 시대에 만들어진 대표적인 문화재입니다. 불국사에는 다보탑이라 불리는 석탑이 있습니다. 다솔이는 한 모서리의 길이가 2 cm인 쌓기나무 35개를 쌓아 다보탑 모양을 쌓은 다음 쌓기나무로 쌓은 모양의 바깥쪽 면에 페인트를 칠했습니다. 페인트를 칠한 면의 넓이는 모두 몇 cm^2인지 구해 보시오. (단, 위에서 본 모양은 정사각형이고 바닥에 닿는 면도 칠합니다.)

▲ 다보탑

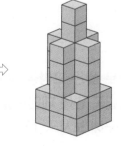

(　　　　　)

✚ 다보탑
경상북도 경주시 진현동 불국사 대웅전 앞에 있는 두 탑 중 동쪽에 있는 탑입니다. 국보 제20호로 한국의 석탑 중 일반형을 따르지 않고 특이한 형태를 가진 탑입니다.

1 오른쪽과 같은 규칙으로 쌓기나무를 8층까지 쌓았습니다. 어느 방향에서도 보이지 않는 쌓기나무는 모두 몇 개인지 구해 보시오. (단, 바닥에 닿는 면은 보이지 않는 면입니다.)

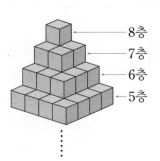

(   )

2 쌓기나무로 쌓은 모양을 위, 앞, 옆에서 본 모양입니다. 쌓은 모양에 쌓기나무를 더 쌓아 가장 작은 정육면체 모양을 만들려고 합니다. 쌓기나무를 가장 적게 사용하여 만들 때 필요한 쌓기나무의 개수를 구해 보시오.

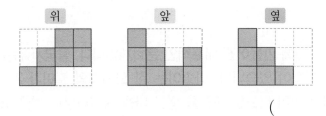

(   )

3 오른쪽은 쌓기나무로 쌓은 모양을 보고 위에서 본 모양에 수를 쓴 것입니다. 쌓은 모양의 바깥쪽 면에 페인트를 칠했을 때 세 면이 색칠된 쌓기나무는 모두 몇 개인지 구해 보시오. (단, 바닥에 닿는 면도 칠합니다.)

위

3	2	1
2	2	
3	1	

(   )

4 쌓기나무로 쌓은 모양을 앞과 옆에서 본 모양입니다. 쌓은 모양에서 쌓기나무가 가장 많은 경우와 가장 적은 경우의 쌓기나무의 개수의 차는 몇 개인지 구해 보시오. (단, 쌓기나무는 면끼리 맞닿게 쌓습니다.)

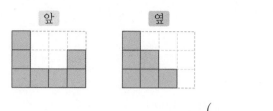

(   )

5 오른쪽은 쌓기나무로 쌓은 모양을 보고 위에서 본 모양에 수를 쓴 것입니다. 쌓은 모양의 바깥쪽 면에 페인트를 칠했습니다. 쌓기나무의 한 모서리의 길이가 3 cm일 때, 페인트를 칠한 면의 넓이는 모두 몇 cm^2인지 구해 보시오. (단, 바닥에 닿는 면도 칠합니다.)

(   )

6 쌓기나무 64개를 사용하여 오른쪽과 같이 정육면체 모양을 만들었습니다. 빨간색으로 색칠된 10개의 면에서 반대쪽 면 끝까지 구멍을 뚫는다면 구멍이 뚫린 쌓기나무는 모두 몇 개인지 구해 보시오.

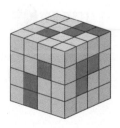

(   )

대표유형 1

• 비율이 같은 비 중에서 조건에 알맞은 비 구하기

5 : 3과 비율이 같은 비 중에서 전항과 후항의 차가 10인 비를 구해 보시오.

(   )

대표유형 2

• 비례식 활용하기

어느 배가 일정한 빠르기로 20분 동안 8 km를 갔습니다. 같은 빠르기로 이 배가 50 km를 가는 데 걸리는 시간은 몇 시간 몇 분인지 구해 보시오.

(   )

대표유형 3

• 톱니바퀴의 회전수 또는 톱니 수 구하기

맞물려 돌아가는 두 톱니바퀴 ㉮와 ㉯가 있습니다. 톱니바퀴 ㉮는 톱니가 42개, 톱니바퀴 ㉯는 톱니가 35개입니다. 톱니바퀴 ㉮가 15번 돌 때 톱니바퀴 ㉯는 몇 번 도는지 구해 보시오.

(   )

대표유형 4

• 겹쳐진 두 도형의 넓이의 비 구하기

오른쪽 그림과 같이 정사각형 ㉮와 삼각형 ㉯가 겹쳐져 있습니다. 겹쳐진 부분의 넓이는 ㉮의 넓이의 $\frac{2}{9}$, ㉯의 넓이의 $\frac{2}{15}$입니다. ㉮와 ㉯의 넓이의 비를 간단한 자연수의 비로 나타내어 보시오.

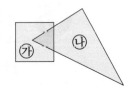

(   )

대표유형 5

• 총 이익금 구하기

윤아와 종훈이가 각각 80만 원, 60만 원을 투자하여 얻은 이익금을 투자한 금액의 비로 나누어 가졌습니다. 종훈이가 얻은 이익금이 18만 원이라면 두 사람이 얻은 총 이익금은 얼마인지 구해 보시오.

(   )

대표유형 6

• 고장난 시계가 가리키는 시각 구하기

하루에 16분씩 빨리 가는 시계가 있습니다. 어느 날 오후 2시에 이 시계를 정확히 맞추었다면 다음 날 오전 8시에 이 시계가 가리키는 시각은 오전 몇 시 몇 분인지 구해 보시오.

(   )

대표유형 7

• 넓이의 비를 이용하여 변의 길이 구하기

오른쪽 그림에서 직선 가와 직선 나는 서로 평행합니다. 사다리꼴 ㉮와 직사각형 ㉯의 넓이의 비가 5 : 4일 때 ㉠의 길이는 몇 cm인지 구해 보시오.

(   )

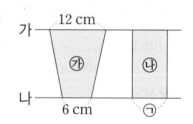

신유형 8

• 축척을 이용하여 실제 거리 구하기

축척이 1 : 5000인 지도에서 자로 거리를 재어 보았더니 시우네 집에서 문방구까지는 2 cm, 문방구에서 학교까지는 4 cm였습니다. 시우가 집에서 출발하여 문방구를 거쳐 학교까지 가는 실제 거리는 몇 km인지 구해 보시오.

(   )

1 같은 일을 하는 데 아버지는 6일 걸렸고, 지훈이는 15일 걸렸습니다. 아버지와 지훈이가 하루에 한 일의 양을 간단한 자연수의 비로 나타내어 보시오. (단, 두 사람이 하루에 하는 일의 양은 일정합니다.)

(   )

비법 NOTE

2 (조건)을 만족하는 어떤 두 수를 구해 보시오.

┌─(조건)────────────────────────
• 어떤 두 수의 비 ⇨ 9 : 2   • (어떤 두 수의 곱)=450
└────────────────────────────

(,   )

3 콩 7200 g을 세 바구니에 나누어 담았습니다. 전체의 $\frac{1}{5}$을 노란색 바구니에 먼저 담은 다음 담고 남은 콩을 빨간색 바구니와 파란색 바구니에 5 : 7로 나누어 담았습니다. 빨간색 바구니에 담은 콩은 몇 g인지 구해 보시오.

(   )

4 어느 농구 선수의 자유투 성공률이 0.75입니다. 이 선수가 자유투를 54번 성공했다면 던진 자유투 횟수는 몇 번인지 구해 보시오.

(   )

5 맞물려 돌아가는 두 톱니바퀴 ㉮와 ㉯가 있습니다. 톱니바퀴 ㉮는 4분 동안 56번을 돌고, 톱니바퀴 ㉯는 3분 동안 48번을 돕니다. 톱니바퀴 ㉯의 톱니가 35개이면 톱니바퀴 ㉮의 톱니는 몇 개인지 구해 보시오.

(   )

비법 NOTE

6 삼각형 ㄱㄴㄷ에서 선분 ㄱㄹ과 선분 ㄹㄷ의 길이의 비는 8 : 5입니다. 삼각형 ㄱㄴㄹ의 넓이가 96 cm²일 때 삼각형 ㄱㄴㄷ의 넓이는 몇 cm²인지 구해 보시오.

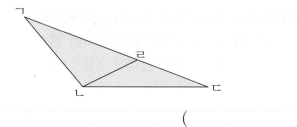

(   )

7 영준이가 택시와 기차를 타고 할아버지 댁에 가려고 합니다. 영준이네 집에서 할아버지 댁까지의 거리는 99 km이고, 택시로 간 거리는 기차로 간 거리의 $\frac{2}{9}$입니다. 영준이가 기차로 간 거리는 몇 km인지 구해 보시오.

(   )

8 그림과 같이 사각형 ㉮와 원 ㉯가 겹쳐져 있습니다. 겹쳐진 부분의 넓이는 ㉮의 넓이의 15 %, ㉯의 넓이의 0.35입니다. ㉯의 넓이가 30 cm² 일 때 ㉮의 넓이는 몇 cm²인지 구해 보시오.

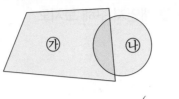

(   )

9 연서와 현수가 각각 360만 원, 300만 원을 투자하여 얻은 이익금 121만 원을 투자한 금액의 비로 나누어 가졌습니다. 연서와 현수가 같은 비율로 다시 투자할 때 현수가 얻을 수 있는 이익금이 165만 원이 되려면 현수는 얼마를 투자해야 하는지 구해 보시오. (단, 투자한 금액에 대한 이익금의 비율은 항상 일정합니다.)

(   )

10 지난달 호진이네 학교 6학년 남학생 수와 여학생 수의 비는 16 : 15였습니다. 이번 달에 남학생 몇 명이 전학을 와서 남학생 수와 여학생 수의 비가 10 : 9가 되었고 전체 학생 수는 570명이 되었습니다. 전학을 온 남학생은 몇 명인지 구해 보시오. (단, 여학생 수는 변함이 없습니다.)

(   )

창의융합형 문제

11 벽에 색을 칠하기 위해서는 잘 지워지지 않는 페인트를 사용합니다. ㉮ 페인트는 5 m²의 벽을 칠하는 데 600 mL가 필요하고, ㉯ 페인트는 1 m²의 벽을 칠하는 데 200 mL가 필요합니다. ㉮ 페인트 450 mL와 ㉯ 페인트 850 mL로 칠할 수 있는 벽의 넓이의 합은 몇 m²인지 구해 보시오.

( )

12 다음과 같이 진아가 퀼트를 사용하여 방석과 주머니를 만들었을 때 사용한 빨간색 천은 모두 몇 cm²인지 구해 보시오.

- 빨간색 천과 파란색 천을 5 : 4의 비로 모두 810 cm² 사용하여 방석을 만들었습니다.
- 보라색 천과 빨간색 천을 3 : 2의 비로 모두 320 cm² 사용하여 주머니를 만들었습니다.

( )

1 2분 동안 35 L의 물이 나오는 수도꼭지로 구멍이 난 수조에 물을 받으려고 합니다. 1분 동안 수도꼭지에서 나오는 물의 양과 수조에서 구멍으로 새는 물의 양의 비는 7 : 2입니다. 30분 후 이 수조에 들어 있는 물은 몇 L인지 구해 보시오.

(   )

2 어느 기차가 길이가 850 m인 터널을 완전히 통과하는 데 15초가 걸리고, 길이가 418 m인 다리를 완전히 건너는 데 9초가 걸립니다. 이 기차의 길이는 몇 m인지 구해 보시오. (단, 기차는 일정한 빠르기로 달립니다.)

(   )

3 수아와 지헌이는 똑같은 모자를 사려고 합니다. 이 모자의 가격은 수아가 가지고 있는 돈의 $\frac{2}{5}$이고, 지헌이가 가지고 있는 돈의 $\frac{3}{8}$입니다. 두 사람이 가지고 있는 돈의 차가 3000원일 때 모자의 가격은 얼마인지 구해 보시오.

(   )

4 길이가 서로 다른 두 막대를 바닥이 평평한 연못에 수직으로 세웠더니 물 위에 나온 막대의 길이는 각 막대 길이의 $\frac{4}{9}$와 $\frac{1}{6}$이었습니다. 두 막대의 길이의 합이 15 m라면 연못의 깊이는 몇 m인지 구해 보시오.

(   )

5 선분 ㄱㄴ을 7 : 5로 나눈 곳을 ㄷ, 4 : 5로 나눈 곳을 ㄹ로 표시하였습니다. 선분 ㄹㄷ의 길이가 20 cm일 때 선분 ㄷㄴ의 길이는 몇 cm인지 구해 보시오.

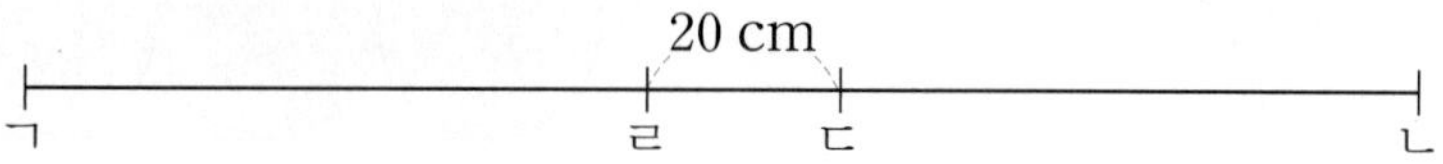

20 cm

ㄱ   ㄹ   ㄷ   ㄴ

(   )

6 둘레가 같은 직사각형 모양의 논 ㉮와 ㉯가 있습니다. ㉮는 가로와 세로의 비가 5 : 4이고 ㉯는 가로가 세로의 2배입니다. 일정한 빠르기로 ㉯에 모내기를 하는 데 2.4시간이 걸렸다면 같은 빠르기로 ㉮에 모내기를 하는 데 걸리는 시간은 몇 시간 몇 분인지 구해 보시오.

(   )

대표유형 ❶

• 원 모양의 물건이 굴러간 거리를 이용하여 지름 또는 굴린 횟수 구하기

원 모양의 자동차 바퀴를 일직선으로 6바퀴 굴렸더니 굴러간 거리가 1171.8 cm였습니다. 자동차 바퀴의 지름은 몇 cm인지 구해 보시오. (원주율: 3.1)

(   )

대표유형 ❷

• 여러 개의 원을 묶는 데 사용한 끈의 길이 구하기

밑면의 반지름이 12 cm인 원 모양의 통나무 4개를 그림과 같이 끈으로 한 바퀴 돌려 묶었습니다. 이때 사용한 끈의 길이는 몇 cm인지 구해 보시오. (단, 끈을 묶는 데 사용한 매듭의 길이는 생각하지 않습니다.) (원주율: 3.14)

12 cm

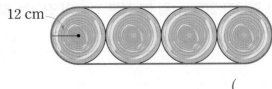

(   )

대표유형 ❸

• 색칠한 부분의 둘레 구하기

색칠한 부분의 둘레는 몇 cm인지 구해 보시오. (원주율: 3)

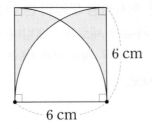

6 cm

6 cm

(   )

● 색칠한 부분의 넓이 구하기

대표유형 4 오른쪽 도형에서 색칠한 부분의 넓이는 몇 cm²인지 구해
보시오. (원주율: 3.1)

(   )

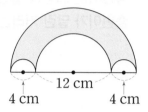

12 cm

4 cm   4 cm

● 원이 지나간 자리의 넓이 구하기

대표유형 5 반지름이 2 cm인 원이 직선을 따라 2바퀴 굴러 이동하였습니다. 원이 지나간 자
리의 넓이는 몇 cm²인지 구해 보시오. (원주율: 3.14)

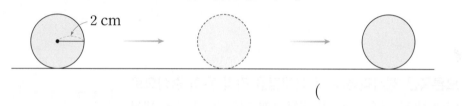

2 cm

(   )

● 출발선의 위치 정하기

신유형 6 다음과 같이 직선 구간과 반원 모양의 곡선 구간으로 이루어져 있는 경주로에서
200 m 달리기 경기를 하려고 합니다. 공정한 경기를 하려면 8번 경주로에서 달
리는 사람은 1번 경주로에서 달리는 사람보다 몇 m 더 앞에서 출발하면 되는지
구해 보시오. (단, 경주로의 거리는 경주로의 안쪽 선을 기준으로 계산합니다.)

(원주율: 3)

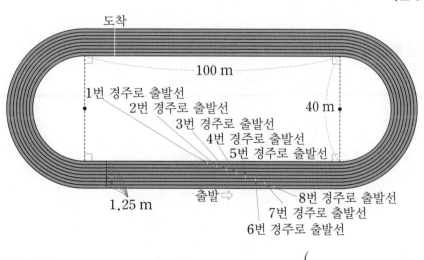

도착

100 m

1번 경주로 출발선
2번 경주로 출발선
3번 경주로 출발선
4번 경주로 출발선
5번 경주로 출발선

40 m

1.25 m

출발 ⇨

8번 경주로 출발선
7번 경주로 출발선
6번 경주로 출발선

(   )

1 승현이는 그림과 같은 모양의 운동장의 둘레를 따라 3바퀴 달렸습니다. 승현이가 달린 거리는 모두 몇 m인지 구해 보시오. (원주율: 3.1)

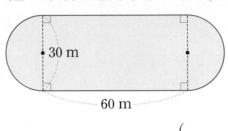

30 m

60 m

(   )

2 오른쪽은 정사각형의 네 꼭짓점을 각각 원의 중심으로 하여 반지름이 5 cm인 원을 4개 그린 것입니다. 색칠한 부분의 넓이는 몇 cm²인지 구해 보시오.

(원주율: 3.14)

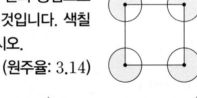

(   )

3 색칠한 부분의 둘레는 몇 cm인지 구해 보시오. (원주율: 3)

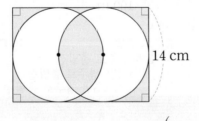

14 cm

(   )

4 색칠한 부분의 넓이는 몇 cm²인지 구해 보시오. (원주율: 3.14)

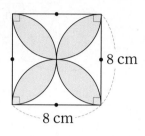

8 cm

8 cm

(   )

5 한 변의 길이가 24 cm인 정사각형 모양의 종이의 각 꼭짓점에서 5 cm 떨어진 곳에 점을 찍고, 각 점을 잇는 선을 따라 접었습니다. 이때 생긴 가장 작은 정사각형 안에 들어갈 수 있는 가장 큰 원의 원주는 몇 cm인지 구해 보시오. (원주율: 3.1)

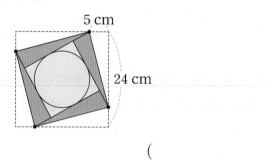

5 cm

24 cm

(   )

6 그림과 같이 원과 사다리꼴이 겹쳐져 있고 겹쳐진 부분의 넓이는 사다리꼴의 넓이의 $\frac{3}{5}$입니다. 변 ㄴㄷ은 몇 cm인지 구해 보시오. (원주율: 3)

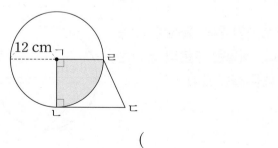

12 cm ㄱ   ㄹ

ㄴ   ㄷ

(   )

7 오른쪽 도형은 한 변의 길이가 3 cm인 정오각형의 둘레에 원의 $\frac{1}{5}$인 모양을 이어 만든 것입니다. 색칠한 부분의 둘레는 몇 cm인지 구해 보시오. (원주율: 3)

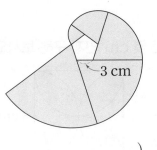

(   )

비법 NOTE

8 오른쪽은 직사각형 안에 원주가 37.2 cm인 원 8개를 그린 것입니다. 색칠하지 않은 부분의 넓이는 몇 cm²인지 구해 보시오. (원주율: 3.1)

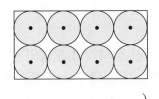

(   )

9 반지름이 7 cm인 원이 직선을 따라 굴러 이동했습니다. 1초에 6 cm씩 가는 빠르기로 14초 동안 이동했다면 원이 지나간 자리의 넓이는 몇 cm²인지 구해 보시오. (원주율: 3)

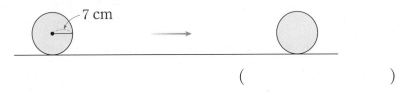

(   )

10 오른쪽 도형은 반지름이 8 cm인 원의 둘레를 12등분하여 점을 찍은 것입니다. 색칠한 부분의 넓이는 몇 cm²인지 구해 보시오. (원주율: 3.14)

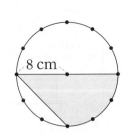

(   )

창의융합형 문제

11 다음은 50 m 권총 사격 표적지를 나타낸 그림입니다. 표적지의 가장 안쪽 원의 지름은 5 cm이고, 이 원을 맞혀서 얻는 점수는 10점입니다. 원이 커질수록 원의 지름이 5 cm씩 길어질 때 표적지에서 8점을 얻을 수 있는 부분의 넓이는 몇 cm²인지 구해 보시오. (원주율: 3)

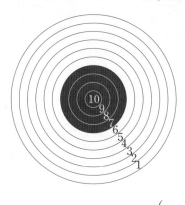

(   )

창의융합 PLUS

✚ 사격
사격은 일정한 거리에서 설치된 표적을 총으로 맞혀 그 정확도를 겨루는 경기입니다. 총의 종류, 표적, 사격 자세 등에 따라 사격 종목과 경기 방법이 달라집니다.

12 다음은 6·25 전쟁 초기 큰 공을 세우고 전사한 공군 비행단 단장 이근석 장군에게 수여된 태극 무공 훈장입니다. 이 훈장에 있는 태극 문양을 그렸을 때 태극 문양의 파란색 부분의 둘레가 49.6 cm라면 파란색 부분의 넓이는 몇 cm²인지 구해 보시오. (원주율: 3.1)

(   )

✚ 무공 훈장
무공 훈장은 전쟁 때 또는 전쟁에 준하는 비상사태 때 뚜렷한 무공을 세운 사람에게 주는 훈장입니다. 우리나라의 무공 훈장은 태극 무공 훈장, 을지 무공 훈장, 충무 무공 훈장, 화랑 무공 훈장, 인헌 무공 훈장의 5등급으로 구분됩니다.

복습 최상위권 문제

1 반지름이 각각 20 cm, 16 cm인 두 바퀴가 있습니다. 두 바퀴는 길이가 3.2 m인 벨트로 연결되어 있습니다. 두 바퀴의 회전수의 합이 360번일 때, 벨트의 회전수는 몇 번인지 구해 보시오. (원주율: 3.1)

(   )

2 오른쪽 도형에서 색칠한 두 부분의 넓이가 같을 때 선분 ㄴㄷ은 몇 cm인지 구해 보시오. (원주율: 3.14)

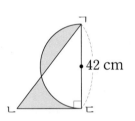

42 cm

(   )

3 오른쪽 도형에서 선분 ㄴㄷ의 길이가 선분 ㄱㄴ의 길이의 $\frac{1}{3}$일 때 ㉮의 넓이는 ㉯의 넓이의 몇 배인지 구해 보시오. (원주율: 3)

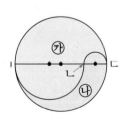

(   )

4 오른쪽 도형은 직각삼각형 안에 원을 꼭 맞게 그린 것입니다. 직각삼각형 안에 그린 원의 원주는 몇 cm인지 구해 보시오. (원주율: 3.14)

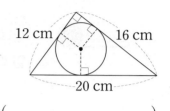

(   )

5 오른쪽 도형에서 ㉮와 ㉯의 넓이의 차는 몇 cm²인지 구해 보시오. (원주율: 3.1)

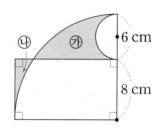

(   )

6 오른쪽 그림과 같이 직사각형 모양의 울타리의 한 꼭짓점에 길이가 12 m인 끈으로 말 한 마리를 묶어 놓았습니다. 이 말이 움직일 수 있는 범위의 넓이는 몇 m²인지 구해 보시오. (단, 말은 울타리 안으로 들어갈 수 없고 말의 크기는 생각하지 않습니다.) (원주율: 3)

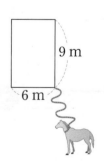

(   )

대표유형 1

• 원기둥의 전개도의 둘레 구하기

오른쪽 원기둥의 전개도에서 한 밑면의 둘레가 24.8 cm
일 때 전개도의 둘레는 몇 cm인지 구해 보시오.

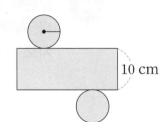

10 cm

(   )

대표유형 2

• 입체도형을 위, 앞, 옆에서 본 모양의 둘레와 넓이 구하기

원뿔을 앞에서 본 모양의 둘레와 넓이를 각각 구해 보시오.

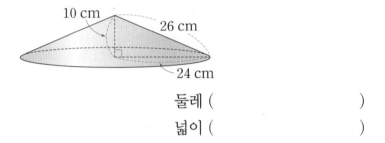

10 cm   26 cm

24 cm

둘레 (   )
넓이 (   )

대표유형 3

• 최대한 높은 상자를 만들 때 상자의 높이 구하기

가로 40 cm, 세로 42 cm인 직사각형 모양의 두꺼운 종이에 원기둥의 전개도를
그리고 오려 붙여 원기둥 모양의 상자를 만들려고 합니다. 밑면의 반지름을 7 cm
로 하여 최대한 높은 상자를 만든다면 상자의 높이는 몇 cm가 되는지 구해 보시
오. (원주율: 3)

(   )

대표유형 4

• 원기둥의 전개도에서 옆면의 둘레 또는 넓이를 알 때 높이 구하기

〔조건〕을 모두 만족하는 원기둥의 높이는 몇 cm인지 구해 보시오. (원주율: 3)

┌─〔조건〕──────────────────┐
• 전개도에서 옆면의 둘레는 96 cm입니다.
• 원기둥의 높이와 밑면의 지름은 같습니다.
└─────────────────────────┘

(   )

대표유형 5

• 돌리기 전의 평면도형의 넓이 구하기

왼쪽 평면도형을 한 변을 기준으로 한 바퀴 돌려 오른쪽과 같은 입체도형을 만들었습니다. 돌리기 전의 평면도형의 넓이는 몇 cm²인지 구해 보시오. (원주율: 3.14)

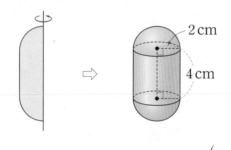

2 cm

4 cm

(   )

신유형 6

• 원기둥의 전개도의 넓이 구하기

오른쪽은 재민이가 원기둥 모양의 통에 농구공을 꼭 맞게 넣은 것입니다. 농구공의 반지름이 12 cm일 때 원기둥의 전개도의 넓이는 몇 cm²인지 구해 보시오. (원주율: 3)

12 cm

(   )

복습 상위권 문제 확인과 응용

1 오른쪽 원기둥의 전개도의 둘레는 147.04 cm입니다. 이 전개도를 접었을 때 만들어지는 원기둥의 높이는 몇 cm인지 구해 보시오. (원주율: 3.14)

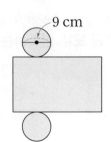

9 cm

(   )

비법 NOTE

2 인영이는 오른쪽 원기둥 모양의 롤러에 페인트를 묻힌 후 바닥에 일직선으로 6바퀴 굴렸습니다. 페인트가 칠해진 부분의 넓이는 몇 cm²인지 구해 보시오. (원주율: 3.14)

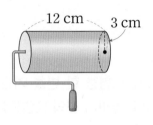

12 cm   3 cm

(   )

3 오른쪽 구에서 삼각형 ㄱㄴㄷ의 둘레는 37 cm입니다. 이 구를 위에서 본 모양의 넓이는 몇 cm²인지 구해 보시오. (원주율: 3.1)

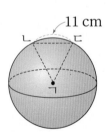

11 cm
ㄴ   ㄷ
ㄱ

(   )

4 오른쪽 직사각형의 가로와 세로를 기준으로 각각 한 바퀴 돌려 만든 입체도형의 전개도에서 옆면의 둘레의 차는 몇 cm인지 구해 보시오. (원주율: 3)

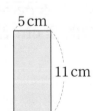

5 cm
11 cm

(   )

5 평행사변형을 오른쪽과 같이 직선 ㄱㄴ을 기준으로 한 바퀴 돌려 만든 입체도형을 앞에서 본 모양의 넓이는 몇 cm^2인지 구해 보시오.

7 cm

12 cm

7 cm 6 cm

(   )

비법 NOTE

6 원기둥과 구를 앞에서 본 모양의 둘레는 서로 같습니다. 원기둥의 밑면의 지름은 몇 cm인지 구해 보시오. (원주율: 3.1)

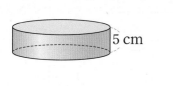

5 cm

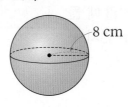

8 cm

(   )

7 (조건)을 모두 만족하는 원기둥의 높이는 몇 cm인지 구해 보시오.

(원주율: 3)

┌─(조건)─────────────────────
│ • 전개도의 둘레는 180 cm입니다.
│ • 원기둥의 높이는 밑면의 지름의 3배입니다.
└──────────────────────────

(   )

8 똑같은 원기둥 3개를 오른쪽 그림과 같이 폭이 일정한 포장지로 겹치지 않게 한 바퀴 둘렀습니다. 사용한 포장지의 넓이는 몇 cm²인지 구해 보시오. (원주율: 3.1)

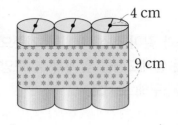

4 cm

9 cm

(   )

9 오른쪽은 어떤 평면도형을 한 변을 기준으로 한 바퀴 돌려 만든 입체도형의 전개도입니다. 입체도형의 옆면의 넓이가 504 cm²일 때 돌리기 전의 평면도형의 넓이는 몇 cm²인지 구해 보시오. (원주율: 3)

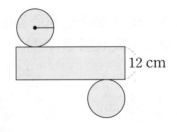

12 cm

(   )

10 오른쪽 입체도형은 원기둥의 $\frac{1}{4}$ 만큼을 잘라 내고 남은 것입니다. 이 입체도형의 겉면에 색종이를 겹치지 않게 빈틈없이 붙이려고 합니다. 필요한 색종이의 넓이는 몇 cm²인지 구해 보시오. (원주율: 3)

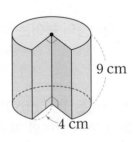

9 cm

4 cm

(   )

💡 **창의융합형 문제**

11 눈사람은 영어로 'snowman'이고 눈을 뭉쳐서 만든 사람 모양의 조각입니다. 눈사람을 만들기 위해 눈을 지름이 20 cm인 구 모양으로 뭉쳤습니다. 뭉친 눈을 평면으로 잘랐을 때 생기는 면이 가장 넓도록 잘랐습니다. 이때 생긴 면의 넓이는 몇 cm^2인지 구해 보시오. (원주율: 3.14)

(   )

＋눈사람
눈사람은 크리스마스의 상징 중 하나이자 겨울의 상징 중 하나이고 크리스마스 카드에도 많이 등장합니다. 눈사람은 기본적으로 두 개 이상의 눈덩이를 만드는 것으로부터 시작됩니다.

12 아령은 양 끝에 동일한 무게의 쇳덩이가 부착된 체력 단련 기구입니다. 경우가 원기둥을 사용하여 아령 모양의 입체도형을 만들어 보았습니다. 경우가 만든 입체도형을 앞에서 본 모양의 넓이는 몇 cm^2인지 구해 보시오.

▲ 아령

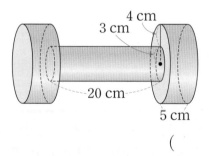

(   )

＋아령
아령은 양손에 하나씩 들고 팔 운동을 하는 운동 기구입니다. 아령을 든 채로 손을 앞뒤로 흔들거나 팔을 굽혔다 펴기 또는 위, 옆으로 뻗기 등 다양한 운동 방법이 있습니다.

1 그림과 같이 원기둥의 한 밑면의 점 ㄱ에서 출발해 원기둥의 옆면을 가장 짧게 3바퀴 돌아서 점 ㄴ에 도착하도록 실을 감았습니다. 이때 실의 위치를 원기둥의 전개도에 그려 보시오.

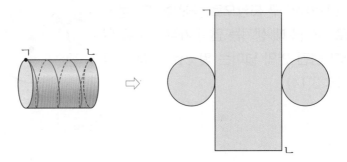

2 원뿔 모양의 고깔에 그림과 같이 빨간색 철사를 붙이려고 합니다. 필요한 철사의 길이는 몇 cm인지 구해 보시오. (단, 철사의 두께는 생각하지 않습니다.)

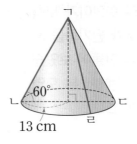

13 cm

(   )

3 오른쪽 원기둥 모양의 롤러에 페인트를 묻힌 후 벽에 일직선으로 5바퀴 굴렸더니 페인트가 칠해진 부분의 넓이가 1440 cm²였습니다. 이 롤러와 똑같은 원기둥의 전개도를 그렸을 때, 전개도의 둘레는 몇 cm인지 구해 보시오. (원주율: 3)

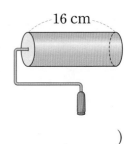

16 cm

(   )

4 원기둥 모양의 나무토막에 그림과 같이 직육면체 모양으로 구멍을 뚫었습니다. 이 나무토막 전체를 기름통에 담갔다가 꺼냈을 때 기름이 묻은 부분의 넓이는 몇 cm^2인지 구해 보시오. (원주율: 3.14)

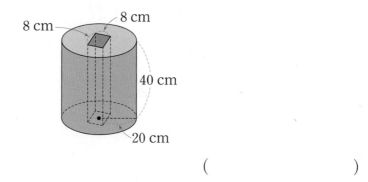

(   )

5 오른쪽 삼각형에서 ㉠과 ㉡의 길이의 비는 2 : 3입니다. 오른쪽 삼각형을 한 변을 기준으로 한 바퀴 돌려 만든 입체도형을 앞에서 본 모양의 넓이가 160 cm^2일 때 ㉠과 ㉡의 길이는 각각 몇 cm인지 구해 보시오.

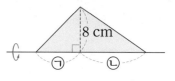

㉠ (   )
㉡ (   )

6 오른쪽 직각삼각형을 한 변을 기준으로 한 바퀴 돌려 만든 입체도형의 옆면의 넓이는 720 cm^2입니다. 오른쪽 직각삼각형을 한 변을 기준으로 120° 돌려 만든 입체도형의 옆면의 넓이는 몇 cm^2인지 구해 보시오.

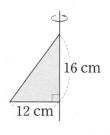

(   )

┿ 개념·플러스·유형·시리즈 개념과 유형이 하나로! 가장 효과적인 수학 공부 방법을 제시합니다.

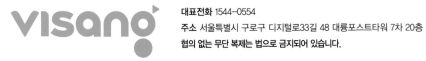

대표전화 1544-0554
주소 서울특별시 구로구 디지털로33길 48 대륭포스트타워 7차 20층

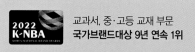

우리 아이 **인생교재**
-수학 편-

| 수준별 연산 교재 | 개념+연산 라이트 | 한 컷 개념과 계산 비법으로 기초 계산력을 잡고 싶다면! | 하 90% 중 10% |
| 개념+연산 파워 | 기초, 스킬 업, 문장제 연산으로 응용 연산력을 완성하고 싶다면! | 하 50% 상 5% 중 45% |

수준별 연산 교재

개념+연산 라이트
한 컷 개념과 계산 비법으로
기초 계산력을 잡고 싶다면!
하 90%　중 10%

개념+연산 파워
기초, 스킬 업, 문장제 연산으로
응용 연산력을 완성하고 싶다면!
하 50%　상 5%　중 45%

수준별 전문 교재

개념+유형 라이트
기초에서 응용까지 차근차근
기본 실력을 쌓고 싶다면!
하 30%　상 20%　중 50%

개념+유형 파워
기본에서 심화까지 탄탄하게
응용력을 올리고 싶다면!
하 15%　최상 15%　중 40%　상 30%

개념+유형 최상위 탑
최상위 문제까지 완벽하게
수학을 정복하고 싶다면!
중 20%　최상 30%　상 50%

특화 교재

교과서 **개념잡기**
교과서 개념, 4주 만에
완성하고 싶다면!
하 60%　중 40%

교과서 **유형잡기**
수학 실력, 유형으로 꽉!
잡고 싶다면!
하 20%　상 20%　중 60%

정가 14,000원

ISBN 979-11-6227-850-5

품질혁신코드 VS01QI19_4

＋ 개념·플러스·유형·시리즈   개념과 유형이 하나로! 가장 효과적인 수학 공부 방법을 제시합니다.

visang

비상교재
누리집에
방문해보세요

http://book.visang.com/

발간 이후에 발견되는 오류 비상교재 누리집 〉 학습자료실 〉 초등교재 〉 정오표
본 교재의 정답 비상교재 누리집 〉 학습자료실 〉 초등교재 〉 정답·해설

교재 설문에
참여해보세요

초 최상위탑 6-2

QR 코드
스캔하기

의견 남기기

선물 받기!

초등학교   반   번   이름